《电机学实践教程》
实 训 报 告

主　编　　邱忠才　　葛兴来　　郭冀岭

主　审　　潘育山　　赵丽平

学号：_____

姓名：_____

班级：_____

1	2	3	4	5	6	7	8	9	10	11	12	13	14	15	16	报告成绩

西南交通大学出版社

·成　都·

图书在版编目（ＣＩＰ）数据

电机学实践教程：含实训报告. 2，电机学实践教程实训报告 / 邱忠才，葛兴来，郭冀岭主编. -- 成都：西南交通大学出版社，2023.10
ISBN 978-7-5643-8992-5

Ⅰ. ①电… Ⅱ. ①邱… ②葛… ③郭… Ⅲ. ①电机学－教材 Ⅳ. ①TM3

中国国家版本馆 CIP 数据核字（2023）第 200260 号

目　录

实验 1　电机学认识实验 …………………………………………………………001

实验 2　直流发电机 ………………………………………………………………003

实验 3　直流电动机 ………………………………………………………………008

实验 4　直流电动机启动和调速实验 ……………………………………………011

实验 5　单相变压器 ………………………………………………………………014

实验 6　三相变压器 ………………………………………………………………019

实验 7　三相变压器的连接组别判定 ……………………………………………024

实验 8　三相绕组与旋转磁场实验 ………………………………………………027

实验 9　绕线式异步电机启动和调速实验 ………………………………………029

实验 10　三相异步电机变频调速实验 …………………………………………033

实验 11　三相鼠笼异步电动机的工作特性 ……………………………………037

实验 12　笼型异步电机启动实验 ………………………………………………042

实验 13　三相同步发电机运行特性 ……………………………………………045

实验 14　三相同步电动机 ………………………………………………………049

实验 15　三相同步发电机并联运行 ……………………………………………051

实验 16　综合测验 ………………………………………………………………054

实验 1　电机学认识实验

实验名称	电机学认识实验

一、实验要求

1. 预习，写预习报告。
2. 认真实验，线路接好上电之前请老师检查。
3. 认真记录实验数据，实验完成找老师签字时候老师可能会问问题。
4. 最后一个实验为实验考查（考试）。
5. 实验成绩组成　实验报告成绩和操作成绩平均。
6. 每次进行实验都要签到，作为成绩考核的依据。

二、实验内容

1. 了解电压表的使用。
2. 了解电流表的使用。
3. 如何正确选择使用仪器仪表，特别是电压表、电流表的量程。
4. 了解功率表的使用，了解二表法。
5. 了解测速仪的使用。
6. 了解实验对象的名牌数据，作为后面实验和实验数据分析的依据。
7. 用伏安法测直流电动机和直流发电机的电枢绕组的冷态电阻。
8. 了解万用表的使用。
9. 介绍实验平台装置各面板布置及使用方法，讲解电机实验的基本要求，安全操作和注意事项。

三、思考题

1. 推导三相电路二表法测功率时，为什么两个功率表的代数和为总功率？

2. 选择电压表和电流表量程的基本原则是什么？

实验 2　直流发电机

实验名称	直流发电机

一、实验目的
1. 掌握并励直流发电机建立稳定电压的操作过程。
2. 掌握如何用实验方法测定直流发电机的运行特性。

二、实验内容
1. 观察并励直流发电机的自励过程。
2. 测定他励直流发电机的空载特性 $U_0 = f(I_f)$、外特性 $U = f(I)$ 和调整特性 $I_f = f(I)$。
3. 测定并励直流发电机的外特性 $U = f(I)$。

三、直流电机实验线路图（见图 2-1）

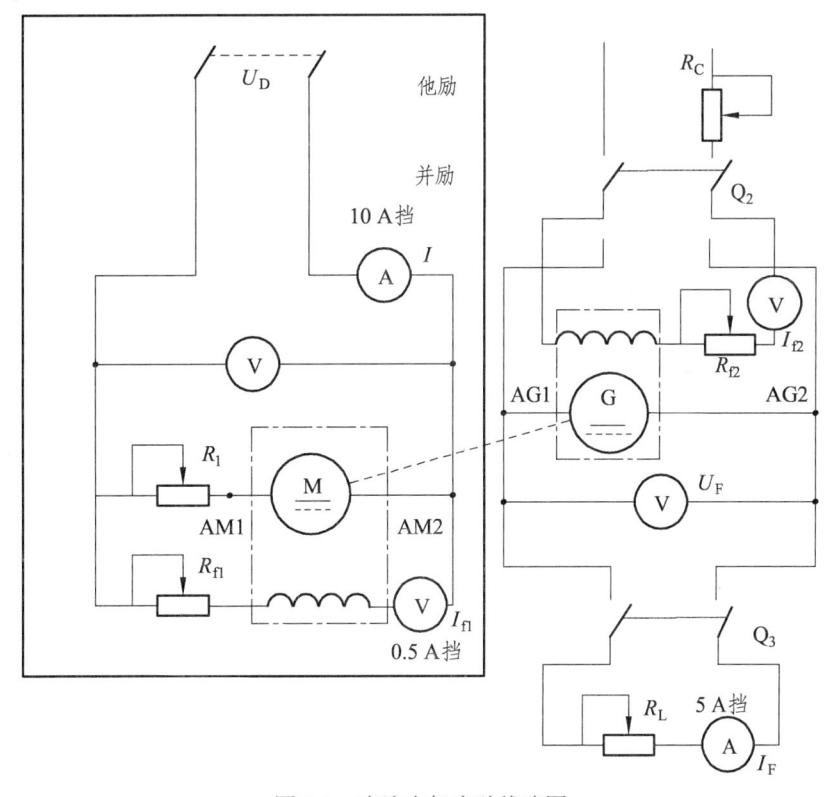

图 2-1　直流电机实验线路图

直流发电机参数：

$$n_N = 1\,450\ \text{r/min},\ I_N = 4.78\ \text{A},\ R_a = 4.8\ \Omega,\ U_N = 230\ \text{V},\ P_N = 1.1\ \text{kW}$$

直流电动机参数：

$$n_N = 1\,600\ \text{r/min},\ I_N = 8.70\ \text{A},\ R_a = 2.3\ \Omega,\ U_N = 220\ \text{V},\ P_N = 1.5\ \text{kW}$$

两电机效率相同。

四、实验总结

1. 列出实验用并励发电机、他励发电机额定数据。

他励发电机：$I_f = 0.306\ \text{A}$，$R_0 = 4.8\ \Omega$，$n_N = 1\,450\ \text{r/min}$，$U_N = 230\ \text{V}$，$I_N = 4.78\ \text{A}$。

2. 他励发电机空载实验测量数据记录在表 2-1 中。

表 2-1 他励发电机空载实验测量数据

$n_N = 1\,450\ \text{r/min}$

序号	1	2	3	4	5	6	7	8	9	10
U_0/V	270	250	230	200	160	140	120	90	70	25
I_{f0}/A										0

3. 他励发电机外特性实验（负载实验）测量数据记录在表 2-2 中。

表 2-2 他励发电机负载实验测量数据

$I_f = 0.4\ \text{A}$，$n_N = 1\,450\ \text{r/min}$

序号	1	2	3	4	5	6	7	8
U_F/V								230
I_F/A	4.8	4	3.5	3.0	2.5	2	1.0	0

4. 他励发电机调整特性实验测量数据记录在表 2-3 中。

表 2-3 他励发电机调整特性实验测量数据

$U_N = 230\ \text{V}$，$n_N = 1\,450\ \text{r/min}$

序号	1	2	3	4	5	6	7
I_f/A							
I_F/A	5	4.2	3.4	2.7	2.25	1.6	1.1

5. 并励发电机外特性实验测量数据记录在表 2-4 中。

表 2-4　并励发电机外特性实验测量数据

序号	1	2	3	4	5	6	7	8
I_F/A	4.8	4	3.5	3	2.5	2	1.1	0
U_F/V								230

6. 根据实验数据用坐标纸分别绘出他励直流发电机的空载特性 $U_0 = f(I_f)$、调整特性 $I_f = f(I)$。

7. 根据实验数据在同一坐标纸上绘出他励直流发电机、并励直流发电机的外特性 $U = f(I)$。

8. 根据实验数据列式求出他励和并励发电机在额定负载下的电压调整率 ΔU。

（1）他励电压调整率 ΔU。

（2）并励电压调整率 ΔU。

9. 对他励和并励电机额定工况下发电机电压调整率 ΔU 的差异原因进行分析。

五、思考题

直流发电机外特性实验时,当发电机负载电流增加,机组转速发生变化的原因是什么?

实验 3　直流电动机

实验名称	直流电动机

一、实验目的

1. 掌握用实验的方法测定并励/串励直流电动机的工作特性。
2. 掌握用实验的方法测定直流电动机的机械特性。

二、实验内容

1. 测定并励直流电动机的固有（自然）工作特性。
2. 测定他励直流电动机的机械特性。

三、实验总结

1. 列出被试电动机额定数据。

他励直流电动机：额定电压 220 V，额定电流 8.7 A，励磁电压 220 V，励磁电流 0.38 A，额定转速 1 500 r/min，电枢电阻 2.3 Ω。

2. 直流电动机工作特性实验测量数据记录在表 3-1 中。

表 3-1　直流电动机工作特性实验测量数据

$I_{\text{fIN}} = 0.38 \text{ A}$，$U_{\text{DN}} = 220 \text{ V}$

序号	1	2	3	4	5	6	7	8	9（去联轴）
I/A	8.7	8	7	6	5	4	3.0	2.5	1.08
I_a/A									0.7
n/(r/min)									1 760

注：表中 $I_a = I - I_{\text{fIN}}$。

3. 根据表 3-1 计算出效率特性、转矩特性数据填在表 3-2 中。

表 3-2 直流电动机效率特性、转矩特性计算数据

$I_{f1N} = 0.38\ \text{A}$，$U_{DN} = 220\ \text{V}$

序号	1	2	3	4	5	6	7	8
I/A								
n/(r/min)								
T_2								
η								

4. 根据表 5-1 计算出机械特性填在表 3-3 中。

表 3-3 他励电动机机械特性实验数据

序号	1	2	3	4	5	6	7	8
I_a/A								
n/(r/min)								
T(N·m)								

5. 根据实验数据在坐标纸上绘出他励电动机的工作特性。

6. 根据实验数据与计算结果在坐标纸上绘出他励电动机的机械特性。

四、思考题

画出他励直流电动机自然机械特性及 3 种人为特性。

实验 4　直流电动机启动和调速实验

实验名称	直流电动机启动和调速实验

一、实验目的

1. 并励（他励）直流电动机的启动方法。
2. 掌握并励（他励）直流电动机的调速方法。

二、实验内容

1. 并励（他励）直流电动机串电阻启动。
2. 并励（他励）直流电动机改变电枢电压调速。
3. 并励（他励）直流电动机改变励磁电流调速。

三、实验总结

1. 写出并励（他励）直流电动机的额定数据。

答：

U_N = 220 V，I_N = 8.7 A，P_N = 1.5 kW，n_N = 1 500 r/min，I_{fN} = 0.38 A

励磁方式：他励

2. 并励（他励）直流电动机改变电枢电压调速实验（恒转矩负载）数据记录在表 4-1 中。

表 4-1　改变电枢电压调速实验数据

I_{fN} = 0.38 A，T_2 = _____ N·m

序号	1	2	3	4	5	6	7
U_a/V	220	213	207	196	179	169	
n/(r/min)							
I/A							
I_a/A							

注：表中 $I_a = I - I_{fl}$。

3. 改变励磁电流调速调速实验（恒功率负载）数据记录在表 4-2 中。

表 4-2 改变励磁电流调速实验数据

U_{DN} = 180 V, T_2 = _____ N·m

序号	1	2	3	4	5	6	7
I_{fl}/A							
n/(r/min)							
I/A							
I_a/A							
$n*I_a*I_{fl}$							

注：表中 $I_a = I - I_{fl}$。老师检查前需要把此表格计算的数据全部算好。

4. 画出降压调速特性 $n = f(U_a)$。

结果表明：

5. 画出变励磁调速特性 $n = f(I_f)$。

结果表明：

5. 画出变励磁近似功率特性 $P' = f(I_f)$。

其中，$P' = P \cdot K$ 为表 4-2 中最后一行 $n \cdot I_a \cdot I_f$。因为 $P = T\Omega$，而 T 与磁通和电枢电流 I_a 成正比，进而 P 正比于转速 n、电枢电流 I_a 和励磁电流 I_f 的乘积。

结果表明：

四、思考题

分析并励直流电动机两种调速方法的优缺点。

答：

实验 5　单相变压器

实验名称	单相变压器

一、实验目的

1. 通过空载（也称开路实验、负载实验）和短路实验测定变压器的变化和参数。
2. 通过不同性质的负载实验测取变压器的运行特性。

二、实验内容

1. 空载实验：测取空载特性 $U_0 = f(I_0)$，$P_0 = f(U_0)$。
2. 短路实验：测取短路特性 $U_k = f(I_k)$，$P_k = f(I_k)$。

三、实验线路

空载实验线路如图 5-1 所示，短路实验线路如图 5-2 所示。

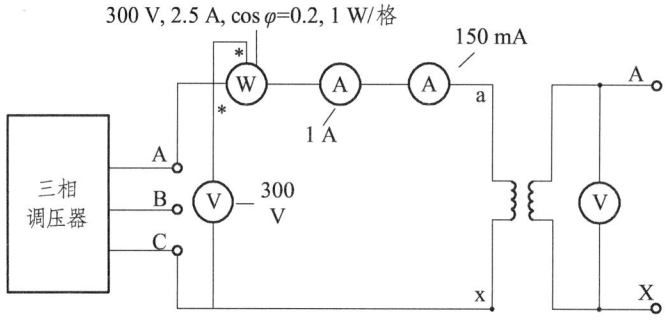

图 5-1　空载实验（低压侧，电流表内接）线路图

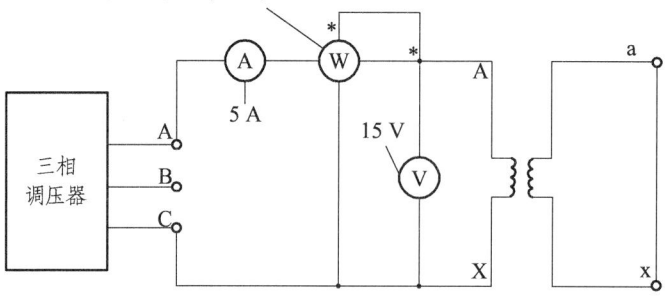

图 5-2　短路实验（高压侧，电流表外接）线路图

四、实验总结

1. 单相变压器铭牌：

    $S_N = 1$ kVA，$U_{1N} = 380$ V，$I_{1N} = 2.6$ A，$U_{2N} = 220$ V，$I_{2N} = 4.5$ A

2. 单相变压器空载实验数据记入表 5-1。

表 5-1　单相变压器空载实验数据

序号	实 验 数 据			
	$U_0 = U_{ax}$/V	I_0/A	P_0/W	U_{AX}/V
1	262			
2	244			
3	220			
4	190			
5	170			
6	150			
7	130			
8	100			
9	50			

3. 短路实验数据记入表 5-2。

表 5-2　短路实验数据

$\theta = 25\ ^\circ\mathrm{C}$

序　号	实 验 数 据		
	U_K/V	I_K/A	P_K/W
1		3.35	
2		3.0	
3		2.6	
4		2	
5		1.55	
6		1	

4. 根据空载实验数据,用坐标纸手绘空载特性曲线,$U_0 = f(I_0)$,$P_0 = f(U_0)$。

5. 单相变压器变比计算:

6. 计算折算到高压侧的励磁阻抗参数。

7. 根据短路实验数据,用坐标纸手绘空载特性曲线,$U_k = f(I_k)$,$P_k = f(I_k)$。

8. 计算 75 ℃时的短路阻抗参数。

五、思考题

单相变压器空载实验电流表为何采取内接法而短路实验电流表采取外接法?

实验 6 三相变压器

实验名称	三相变压器

一、实验目的
通过空载和短路实验，测定三相变压器的变比和参数。

二、实验内容
1. 测定变比 K。
2. 空载实验：测取空载特性 $U_0 = f(I_0)$，$P_0 = f(U_0)$。
3. 短路实验：测取短路特性 $U_K = f(I_K)$，$P_K = f(U_K)$。

三、实验线路图
空载实验线路如图 6-1 所示，短路实验线路如图 6-2 所示。

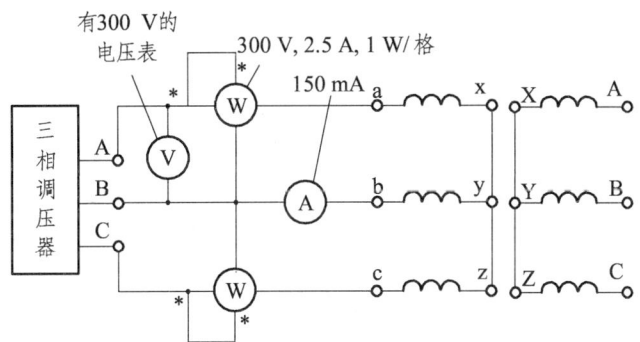

图 6-1 空载实验（低压侧，电流表内接）220 V 必须测

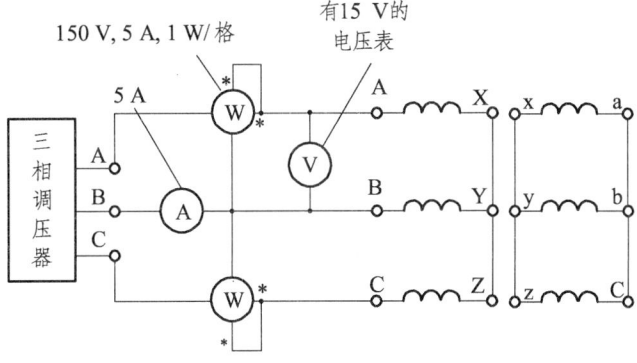

图 6-2 短路实验（高压侧，电流表外接）4.5 A 必须测

四、实验总结

1. 三相变压器额定数据。

额定容量 $S_N = 3$ kVA, $U_{1N}/U_{2N} = 380$ V /220 V, $I_{1N}/I_{2N} = 4.5$ A/7.8 A。

2. 变比测定。

变比测定数据记入表 6-1。

表 6-1 变比测定数据

U/V		K_A	U/V		K_B	U/V		K_C	$K = \dfrac{K_A + K_B + K_C}{3}$
U_{AB}	U_{ab}		U_{BC}	U_{bc}		U_{CA}	U_{ca}		

3. 空载实验数据。

空载实验数据记入表 6-2。

表 6-2 空载实验数据

序号	实验数据				
	P/W		U_0/V	I_0/mA	P_0/W
	P_{01}	P_{02}			
1			262		
2			245		
3			220		
4			190		
5			170		
6			150		
7			130		
8			100		
9			50		

4. 短路实验数据。

三相变压器短路实验数据记入表 6-3。

表 6-3　三相变压器短路实验数据

$\theta = 25.5\ ^\circ\text{C}$

序号	实验数据				
	P/W		U_K/V	I_K/A	P_K/W
	P_{K1}	P_{K2}			
1				5.6	
2				4.5	
3				4	
4				3	
5				2	
6				1	

5. 根据空载实验数据，用坐标纸手绘空载特性曲线，$U_0 = f(I_0)$，$P_0 = f(U_0)$。

6. 计算折算到高压侧的励磁阻抗参数。

7. 根据短路实验数据，用坐标纸手绘空载特性曲线 $U_k = f(I_k)$ 和 $P_k = f(I_k)$。

8. 计算 75 °C 时的短路阻抗参数。

五、思考题

通常做变压器的空载实验时在低压边加电源，而做短路实验时在高压边加电源，这是为什么？

实验 7　三相变压器的连接组别判定

实验名称	三相变压器的连接组别判定

一、实验目的

1. 掌握变压器工作原理。
2. 掌握变压器的连接组判别方法。
3. 熟悉实验设计过程和方法。

二、实验内容

1. 测定变压器的极性。
2. 连接并判定以下连接组。
（1）Y/Y-12；（2）Y/Y-6；（3）Y/△-11；（4）Y/△-5。

三、实验总结

1. Yy12 实验。

Yy12 实验线路如图 7-1 所示，其实测数据记入表 7-1。

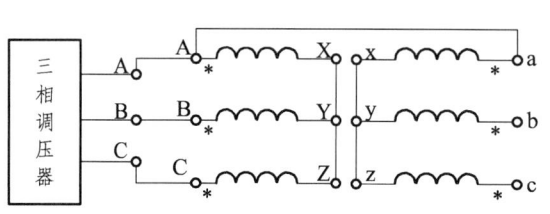 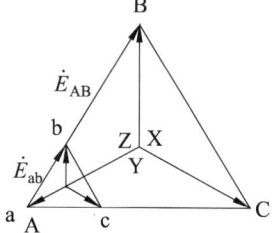

图 7-1　Yy12 实验线路

$$U_{Bb} = U_{Cc} = (K_L - 1)U_{ab}, \quad U_{Bc} = U_{ab}\sqrt{K_L^2 - K_L + 1}, \quad K_L = \frac{U_{AB}}{U_{ab}}$$

表 7-1　Yy-12 实测数据

实验数据/V					计算数据			
U_{AB}	U_{ab}	U_{Bb}	U_{Cc}	U_{Bc}	K_L	U_{Bb}/V	U_{Cc}/V	U_{Bc}/V
190								

2. Yy-6 实验数据。

Yy-6 实验线路图如图 7-2 所示，其实测数据记入表 7-2 中。

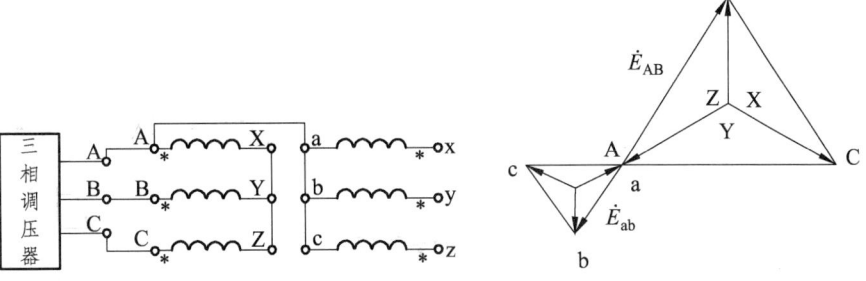

图 7-2 Yy-6 实验线路图

$$U_{Bb} = U_{Cc} = (K_L + 1)U_{ab}, \quad U_{Bc} = U_{ab}\sqrt{K_L^2 + K_L + 1}, \quad K_L = \frac{U_{AB}}{U_{ab}}$$

表 7-2 Yy-6 实测数据

实验数据					计算数据			
U_{AB}/V	U_{ab}/V	U_{Bb}/V	U_{Cc}/V	U_{Bc}/V	K_L	U_{Bb}/V	U_{Cc}/V	U_{Bc}/V
190								

3. Yd-11 实验数据。

Yd-11 实验线路如图 7-3 所示，其实测数据记入表 7-3 中。

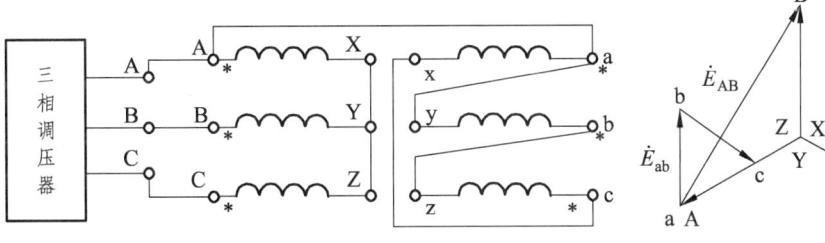

图 7-3 Yd-11 实验线路图

$$U_{Bb} = U_{Cc} = U_{Bc} = U_{ab}\sqrt{K_L^2 - \sqrt{3}K_L + 1}, \quad K_L = \frac{U_{AB}}{U_{ab}}$$

表 7-3 Yd-11 实测数据

实验数据					计算数据			
U_{AB}/V	U_{ab}/V	U_{Bb}/V	U_{Cc}/V	U_{Bc}/V	K_L	U_{Bb}/V	U_{Cc}/V	U_{Bc}/V
190								

4. Yd-5 实验数据。

Yd-5 实验线路图如图 7-4 所示，其实测数据记入表 7-4 中。

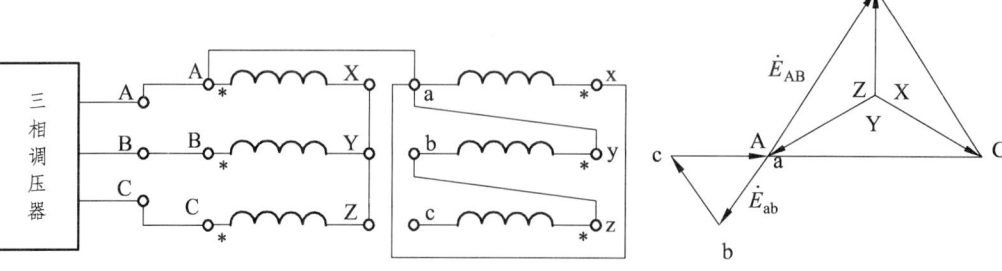

图 7-4　Yd-5 实验线路图

$$U_{Bb} = U_{Cc} = U_{Bc} = U_{ab}\sqrt{K_L^2 + \sqrt{3}K_L + 1}，\quad K_L = \frac{U_{AB}}{U_{ab}}$$

表 7-4　Yd-5 实测数据

实验数据					计算数据			
U_{AB}/V	U_{ab}/V	U_{Bb}/V	U_{Cc}/V	U_{Bc}/V	K_L	U_{Bb}/V	U_{Cc}/V	U_{Bc}/V
190								

四、思考题

为什么三相组式变压器的三次谐波电动势比三相心式变压器大？

实验 8 三相绕组与旋转磁场实验

实验名称	三相绕组与旋转磁场实验

一、实验目的

1. 掌握三相绕组磁场产生的原理。
2. 掌握三相电机定子绕组的布线规律。

二、实验内容

1. 三相木模定子的绕组的下线、连线。
2. 用指南针检查旋转磁场的转向。

三、实验总结

1. 列出被试交流绕组主要参数。

$$Z = 36，2P = 6，a = 1，60°相带 \quad 极距，\tau = Z/2P = 36/4 = 9 \text{ 槽}$$

每极每相槽数 $q = Z/(2mp) = 36/(4 \times 3) = 3$ 槽，槽间电角度 $\alpha = P360/Z = 3 \times 360/36 = 30°$

2. 画出 A 相绕组展开图。

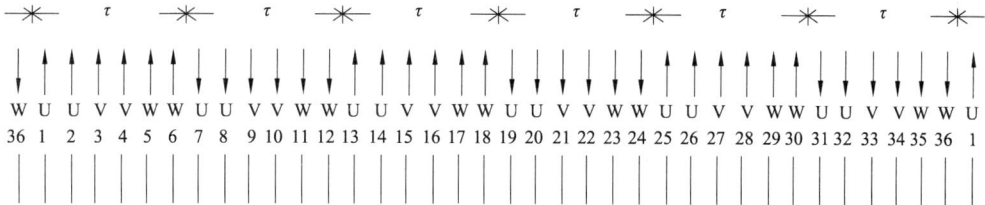

四、思考题

1. 采用木模定子，绕组电阻很小，可直接加电网电压吗？

2. 旋转磁场的转向、转速与什么有关?

实验 9 绕线式异步电机启动和调速实验

实验名称	绕线式异步电机启动和调速实验

一、实验目的

通过实验掌握绕线式异步电动机的串电阻启动和调速方法。

二、实验内容

1. 绕线式异步电机转子串可变电阻器启动。
2. 绕线式异步电机转子串可变电阻器调速。

三、实验线路图

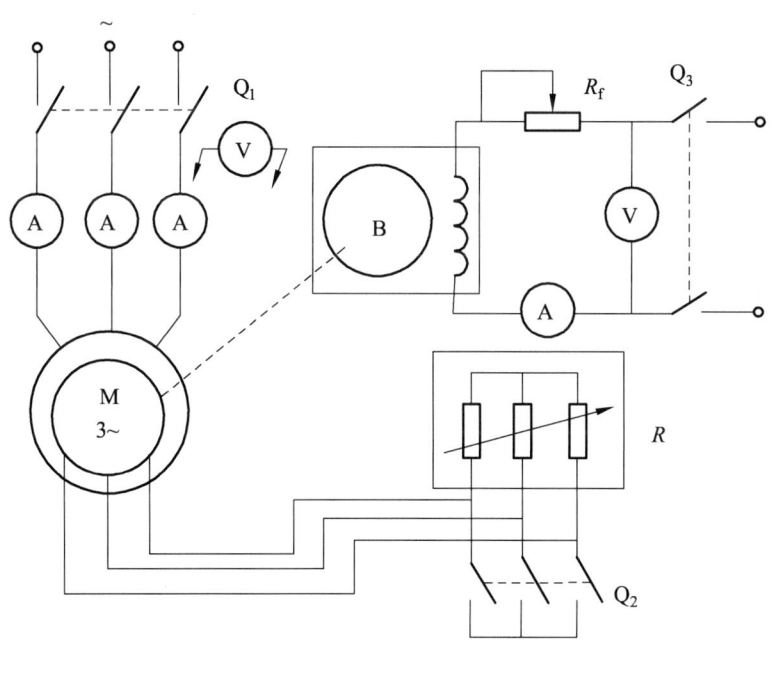

四、实验总结

1. 写出三相绕线式异步电动机额定数据。

$f = 50$ Hz，$U_N = 380$ V，$I_N = 5.0$ A，$P_N = 2.2$ kW，$n_N = 1\,420$ r/min
（转子 $I_{转N} = 6$ A，$U_{转N} = 260$ V，$r_转 = 0.75$ Ω）

2. 三相绕线式异步电动机串电阻启动实验。

将三相绕线式异步电动机串电阻启动实验数据记入表 9-1。

表 9-1　数据记录

$U = 380$ V

R_{st}/Ω	全压	3.1 Ω	6.2 Ω
I_{st}/A			

结果表明：

3. 三相绕线式异步电动机串电阻调速实验。

将三相绕线式异步电动机串电阻调速实验数据记入表 9-2。

表 9-2　数据记录

$U = 380$ V，$T_2 = 12$ N·m

R_{st}/Ω	0	1.55	3.1	4.55	6.2
$n/$（r/min）					
I/A					

结果表明：

4. 计算转子电阻 r_2。

已测 0.75 Ω。

5. 画出恒转矩调速情况下的机械特性（$T\text{-}s$ 曲线）。

6. 计算电阻值与转差率之间比值。

计算电阻值与转差率之间的比值，并将数据记入表 9-3 中。

表 9-3

R_{st}/Ω	0	1.55	3.1	4.55	6.2
$n/$（r/min）					
转差率 s					
转子回路电阻 R/Ω					
R/s					

结果说明：

五、思考题

绕线式异步电动机转子绕组串入电阻对启动电流和启动转矩的影响有哪些?
答:

实验 10　三相异步电机变频调速实验

实验名称	三相异步电机变频调速实验

一、实验目的

1. 掌握三相异步电动机的变频启动原理。
2. 掌握三相异步电动机的变频调速方法。

二、实验内容

1. 熟悉变频器的调速原理。
2. 变频器的参数设定。
3. 三相异步电动机的变频启动。
4. 三相异步电动机的变频调速。

三、实验线路图（见图 10-1）

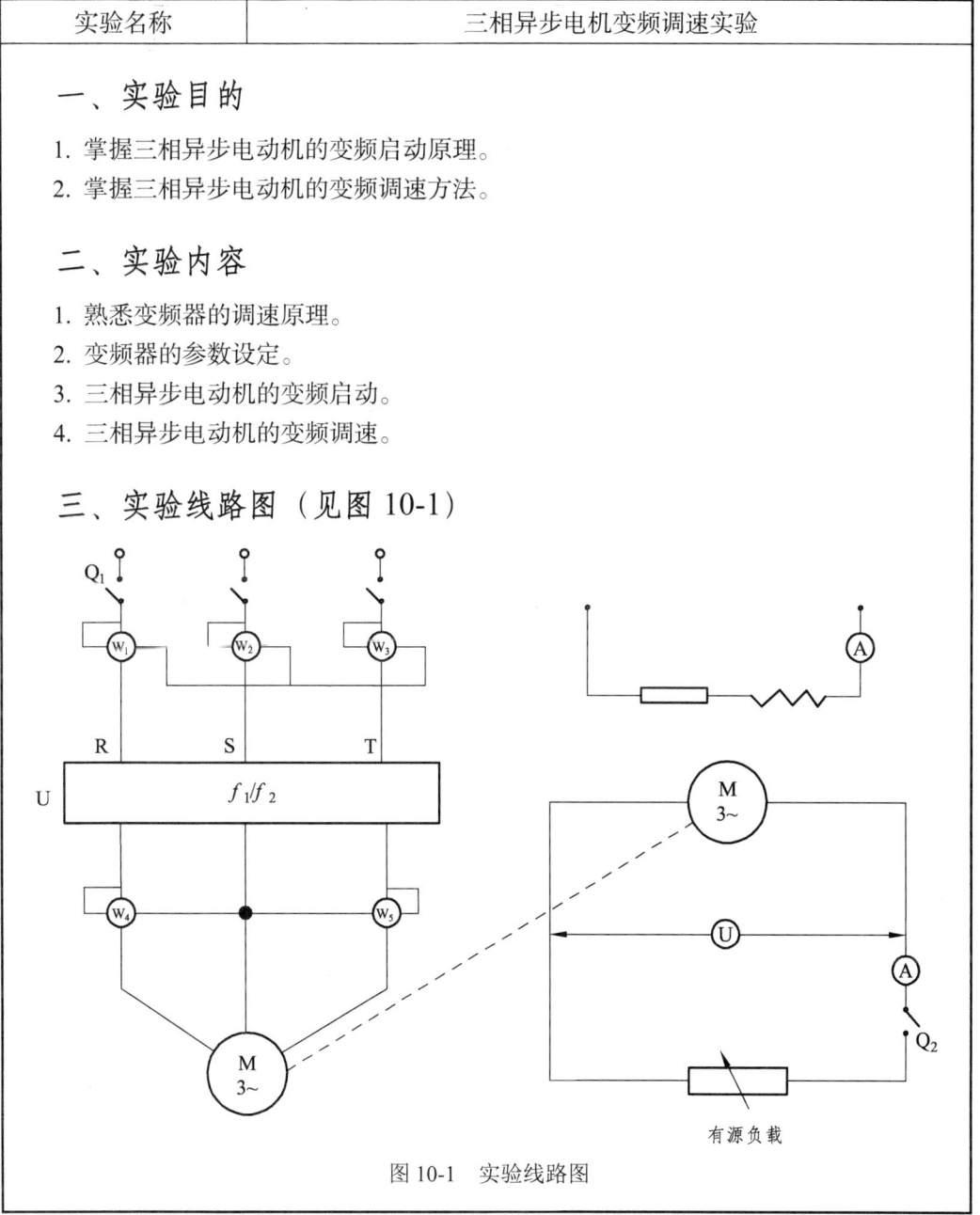

图 10-1　实验线路图

四、实验总结

1. 写出三相异步电动机额定数据。

f = 50 Hz，U_N = 380 V，I_N = 5.0 A，P_N = 2.2 kW，n_N = 1 420 r/min

（转子 $I_{转N}$ = 6 A，$U_{转N}$ = 260 V，$r_{转}$ = 0.75 Ω）

2. 异步电机变频器变频调速实验。

将异步电机变频器变频调速实验数据记入表 10-1。

表 10-1　异步电机变频调速的实验数据表

	1	2	3	4	5	6	7	8
U/V								
f/Hz	30	33	35	38	40	43	47	50
n/（r/min）								
P/W								
I/A								

3. 作出补偿后的 U-f 曲线。

结果说明：

4. 作出恒转矩调速的 P_L-f 曲线。

结果说明：

5. 作出恒转矩调速的机械特性图。

结果说明：

6. 计算频率与转速降之间关系。

计算频率与转速降之间关系，将有关数据记入表 10-2 中。

表 10-2　数据记录

	1	2	3	4	5	6	7	8
频率 f/Hz								
转速 n/（r/min）								
同步转速 n_0/（r/min）								
转速降 Δn/（r/min）								

结果说明：

五、思考题

恒转矩负载变频调速特点有哪些（转矩特性、功率特点、机械特性等）？

答：

实验 11　三相鼠笼异步电动机的工作特性

实验名称	三相鼠笼异步电动机的工作特性

一、实验目的

1. 掌握三相异步电机的空载、堵转和负载试验的方法。
2. 用直接负载法测取三相鼠笼异步电动机的工作特性。
3. 测定三相笼型异步电动机的参数。

二、实验内容

1. 测量定子绕组的冷态电阻。
2. 判定定子绕组的首末端。
3. 空载实验。
4. 短路实验。
5. 负载实验。

三、实验总结

1. 列出被试电动机额定数据。

型号 Y90L-4，$p=2$，$P_N=1.5$ kW，$I_N=3.7$ A，$f=50$ Hz，$n_N=1\,420$ r/min，$U_N=380$ V，Y 接。

2. 测量定子绕组的冷态直流电阻。

测量定子绕组的冷态直流电阻，将实验数据记入表 11-1 中。

表 11-1　测量定子绕组的冷态直流电阻实验数据

室温 25 ℃

	绕组 V			绕组 W			绕组 U		
I/A									
U/V									
R/Ω									
绕组电阻									

3. 空载实验。

将三相异步机空载实验数据记入表 11-2 中。

表 11-2 三相异步机空载实验数据

序号	U_O/V	I_O/A	P_O/W
1	450		
2	380		
3	360		
4	340		
5	290		
6	250		
7	180		
8	150		
9	110		

4. 根据实验数据在坐标纸上作空载特性曲线。

5. 短路实验

将三相异步机短路实验数据记入表 11-3 中。

表 11-3 三相异步机短路实验数据

室温 25.5 ℃

序号	U_K/V	I_K/A	P_K/W
1		5.4	
2		4.87	
3		4.0	
4		3.5	
5		3.0	
6		2.0	

6. 根据实验数据在坐标纸上作短路特性曲线。

7. 由空载、短路实验的数据求异步电机等效电路的参数。

8. 负载实验

将三相异步机负载实验数据记入表 11-4 中。

表 11-4　三相异步机负载实验数据

U_N = 380 V（Y 接）

序号	I_{OL}/A	P_O/W	n/（r/min）	转矩 T/N·m
1	5.3			
2	4.87			
3	4.3			
4	4.0			
5	3.5			
6	3.0			
7	2.8			

9. 由负载实验数据计算工作特性，填入表 11-5 中。

表 11-5 三相异步电动机工作特性

$U_1 = 380$ V（Y 接）

序号	电动机输入		电动机输出计算值					
	I_1/A	P_1/W	T_2/(N·m)	n/(r/min)	P_2/W	S/%	η/%	$\cos\varphi_1$
1								
2								
3								
4								
5								
6								
7								

10. 根据表 11-5 的数据在坐标纸上作工作特性曲线 P_1、I_1、n、η、S、$\cos\varphi_1 = f(P_2)$。

四、思考题

由直接负载法测得的电机效率和用损耗分析法求得的电机效率各有哪些因素会引起误差？

实验 12　笼型异步电机启动实验

实验名称	笼型异步电机启动实验

一、实验目的

通过实验掌握笼型异步电动机的启动方法。

二、实验内容

1. 异步电动机的直接启动。
2. 异步电动机星形-三角形（Y-△）换接启动。
3. 自耦变压器启动。

三、实验线路图

三相笼型异步电机星形-三角形启动接线图如图 12-1 所示。

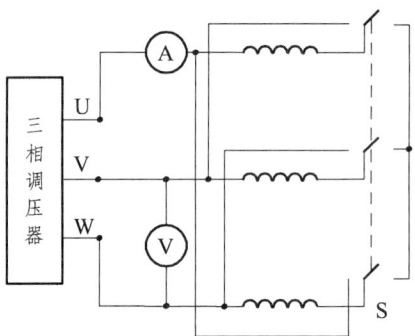

图 12-1　三相笼型异步电机星形-三角形启动接线图（开关画出示意图）

三相笼型异步电机自耦变压器启动接线图如图 12-2 所示。

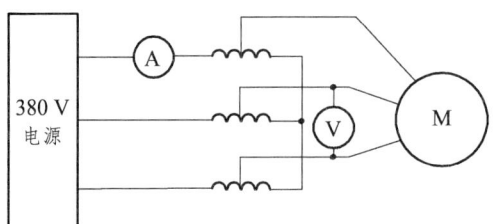

图 12-2　三相笼型异步电机自耦变压器启动接线图（Y 接）

四、实验总结

1. 写出三相笼型异步电动机额定数据。

$$U_N = 220 \text{ V}, \ I_N = 6.4 \text{ A}, \ P_N = 1.5 \text{ kW}, \ n_N = 1\ 400 \text{ r/min}$$

2. 三相笼型异步电动机直接启动实验。

将直接启动实验数据记入表 12-1 中。

表 12-1 直接启动实验数据

U/V	△直接（220 V）
I_{st}/A	

结果表明：

3. 星形-三角形（Y-△）启动。

将星形-三角形启动实验数据记入表 12-2 中。

表 12-2 星形-三角形启动实验数据

U/V	Y/△
I_{st}/A	

结果表明：$I_{stY}/I_{st\triangle}$ = _____。

4. 自耦变压器降压启动（Y 接）。

将自耦变压器降压启动实验数据记入表 12-3 中。

表 12-3 自耦变压器降压启动数据

U/V	Y 直接（380 V）
I_{st}/A	

结果表明：

表 12-4

U/V	降压到 230 V	降压到 280 V	降压到 330 V
I_{sta}/A			
变比 $K = U/380$	230/380	280/380	330/380
计算 $I_{sta} = k^2 I_{st}$			

结果表明：

五、思考题

比较笼型异步电动机不同启动方法的优缺点。

答：

实验 13　三相同步发电机运行特性

实验名称	三相同步发电机运行特性

一、实验目的

1. 用实验方法测取同步发电机在对称负载下的运行特性。
2. 由实验数据计算同步发电机在对称运行时的稳态参数。

二、实验内容

1. 测定电枢绕组室温下的电阻。
2. 空载实验。
3. 三相短路实验。
4. 求取外特性曲线。

三、实验总结

1. 写出实验电机额定参数：

交流同步发电机：$S_N = 3$ kVA，$m_1 = 3$，$U_N = 380$ V（△），$I_N = 6.7$ A，$n_N = 1\,500$ r/min，$f = 50$ Hz，$\cos\varphi_N = 0.9$，$I_{fN} = 6.8$ A，E 级绝缘，连续运行。

直流励磁发电机：$P_N = 0.3$ kW，$n_N = 2\,100$ r/min，$U_N = 43$ V，$I_N = 6.98$ A，E 级绝缘。

并励直流发电机：$P_N = 5.5$ W，$U_N = 220$ V，$I_N = 30.9$ A，$n_N = 1\,500$ r/min，$I_{fN} = 0.84$ A，$U_{fN} = 220$ V，电枢电阻 $R_0 = 1.23$ Ω，E 级绝缘，连续运行。

2. 同步发电机空载实验数据。

同步发电机空载实验数据记入表 13-1 中。

表 13-1　同步发电机空载实验数据

$I = 0$，$n = n_N = 1\,500$ r/min

	1	2	3	4	5	6	7	8	9	10
U_0/V	470	430	400	350	300	250	200	150	100	10
I_{f0}/A										

空载特性曲线：

3. 同步发电机短路实验数据。

将同步发电机短路实验数据记入表 13-2 中。

表 13-2 同步发电机短路实验数据

$U = 0$，$n = n_N = 1\ 500$ r/min

序号	1	2	3	4	5	6	7
短路电流 I_K/V	4.3	3.6	3	2.5	2	1.5	1
励磁电流 I_{fk}/A							

短路特性曲线：

4. 同步发电机纯电阻负载实验数据。

将同步发电机灯箱负载实验数据记入表 13-3 中。

表 13-3 同步发电机灯箱负载实验数据

$n = n_N = $ ___r/min，$I_f = $ ____A，$\cos\varphi = 1$

序号	1	2	3	4	5	6
U/V	400					
I/A	0	1.5	2	2.5	3.0	3.6

同步发电机纯电阻负载外特性曲线：

5. 由空载特性曲线和短路特性曲线求同步电机直轴同步电抗 X_d（不饱和值）。

四、思考题

由空载特性曲线和特性三角形作图法求得的零功率因数的负载特性与实测零功率因数负载特性有何差别？为何引起这些差别？

实验 14　三相同步电动机

实验名称	三相同步电动机

一、实验目的

1. 熟悉三相同步电动机的异步启动方法。
2. 掌握三相同步电动机 V 形曲线及工作特性曲线的测取方法。

二、实验内容

1. 三相同步电动机的异步启动。
2. 测取三相同步电动机 V 形曲线 $I_1 = f(I_f)$。

三、实验线路图（见图 14-1）

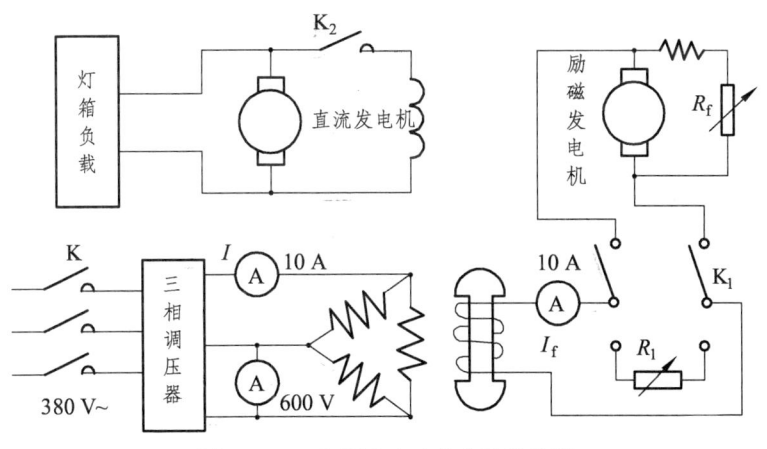

图 14-1　三相同步电动机实验线路图

四、实验总结

同步电动机 V 形曲线实验数据见表 14-1。

表 14-1　同步电动机 V 形曲线实验数据

$P_2 = 0$	I/A								
	I_f/A								
$P_2 = 0.5P_N$	I/A								
	I_f/A								

同步电动机 V 形曲线：

五、思考题

三相同步电动机异步启动时，为什么转子励磁回路不允许开路或直接短接？
答：

实验 15　三相同步发电机并联运行

实验名称	三相同步发电机并联运行

一、实验目的

1. 掌握三相同步发电机投入电网并联运行的条件和操作方法。
2. 掌握三相同步发电机与电网并联运行时有功和无功率的调节。

二、实验内容

1. 用准确同步法将三相同步发电机投入电网并联运行。
2. 三相同步发电机与电网并联运行时有功功率的调节。
3. 三相同步发电机与电网并联运行时无功功率的调节。
（1）测取当输出功率等于零时三相同步发电机的 V 形曲线。
（2）测取当输出功率等于 0.5 倍额定功率时三相同步发电机的 V 形曲线。

三、实验线路图（见图 15-1）

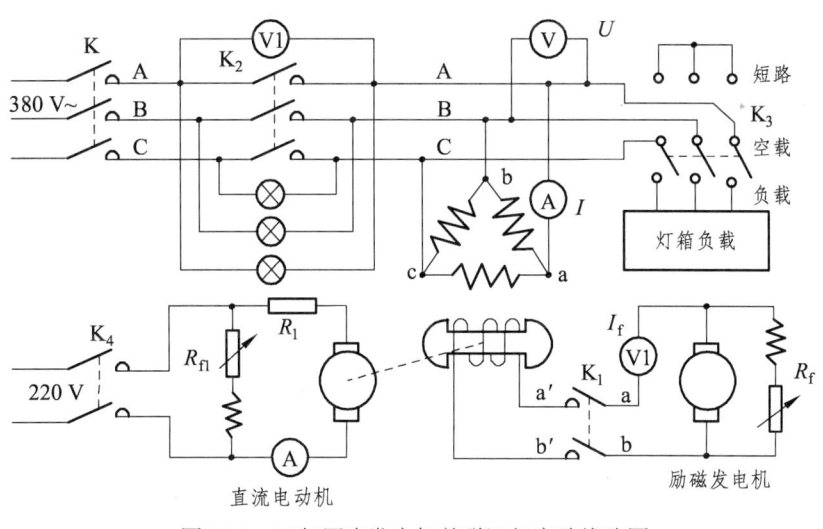

图 15-1　三相同步发电机并联运行实验线路图

四、实验总结

1. 三相同步发电机与电网并联有功功率调节实验。

同步发电机并网后有功调节实验数据如表 15-1 所示。

表 15-1 同步发电机并网后有功调节实验数据

$n = n_N = $ ____r/min，$U_N = $ ____V，$I_{f0} = $ ____A

序号	1	2	3	4	5	6	7
I/A							
P/W							

2. 三相同步发电机与电网并联无功功率调节实验。

同步发电机并网后无功调节 V 形曲线实验数据如表 15-2 所示。

表 15-2 同步发电机并网后无功调节 V 形曲线实验数据

$P_2 = 0$	I/A							
	I_f/A							
$P_2 = 1/3P_N$	I/A							
	I_f/A							

$P = 0$ 时候 V 形曲线：　　　　　　　　$P = 1/3P_N$ 时候 V 形曲线：

五、思考题

试说明三相同步发电机投入电网并联运行时,有功功率和无功功率的调节方法。

实验 16 综合测验

1. 做同步发电机灯光旋转法并网实验时,如何判断是否符合并网条件,通过什么实验或手段进行调节?

2. 直流电机调速实验中,弱磁调速如何构建恒功率负载?

3. 并励直流发电机无法自励,应该如何处理?

4. 为什么鼠笼异步电机直接启动电流很大但启动转矩不大？应该如何解决这一问题？

5. 三相变压器空载实验和短路实验功率分别对应何种损耗？一般变压器的损耗大小有什么关系？

电机学实践教程
（含实训报告）

主 编 邱忠才 葛兴来 郭冀岭
主 审 潘育山 赵丽平

西南交通大学出版社
·成都·

图书在版编目（CIP）数据

电机学实践教程：含实训报告.1，电机学实践教程 / 邱忠才，葛兴来，郭冀岭主编. -- 成都：西南交通大学出版社，2023.10
ISBN 978-7-5643-8992-5

Ⅰ. ①电… Ⅱ. ①邱… ②葛… ③郭… Ⅲ. ①电机学 – 教材 Ⅳ. ①TM3

中国国家版本馆 CIP 数据核字（2023）第 200124 号

Dianjixue Shijian Jiaocheng（Han Shixun Baogao）
电机学实践教程（含实训报告）

主　编 / 邱忠才　葛兴来　郭冀岭　　　责任编辑 / 李芳芳
　　　　　　　　　　　　　　　　　　　封面设计 / 何东琳设计工作室

西南交通大学出版社出版发行
（四川省成都市金牛区二环路北一段 111 号西南交通大学创新大厦 21 楼　610031）
营销部电话：028-87600564
网址：http：//www.xnjdcbs.com
印刷：四川森林印务有限责任公司

成品尺寸　185 mm×260 mm
总印张　13　总字数　278 千
版次　2023 年 10 月第 1 版　　印次　2023 年 10 月第 1 次

书号　ISBN 978-7-5643-8992-5
套价（全 2 册）　45.00 元

课件咨询电话：028-87600533
图书如有印装质量问题　本社负责退换
版权所有　盗版必究　举报电话：028-87600562

前　言

　　本书是针对高等学校本科教育和部分高等职业教育的电机学实践课程指导教材，是西南交通大学 2022 年度校级（本科）教材建设研究立项支持的项目之一。

　　电机学是一门重要的电气类专业基础课，是电机与电力拖动系统的理论学科，也是后续专业课程的必要基础，同时还是一门独立的基础应用课，但是因为电机本身具有抽象、理论性强、多学科综合、工程实践性强的特点，学生们普遍认为是难学的一门课程。为了解决这个难学的问题，电机学实验教学起到的作用尤为突出，在实验室环境或者虚拟实验室环境，让学生认识电机、了解电机、摸索使用电机，不仅帮助学生学习理解电机理论，而且可以培养学生的工程能力，激发学生的学习兴趣，所以电机学实践教学必要且重要。

　　通过本书的学习，学生能掌握电工仪表与工具的基本使用方法；掌握变压器、异步电动机、直流电动机、同步电机、永磁同步电机和无刷直流电机的工作原理、结构特点、机械特性、工作特性、电磁能量以及工程应用；掌握交流电动机、直流电动机和微特电动机的启动、调速、换向、制动等工作原理；掌握三相同步发电机并网条件和并网方法；掌握交流磁场的产生条件和验证方法；掌握实验室环境电机电路结构、工作原理、测量仪表选用以及典型生产机械的控制线路分析方法。

　　本书能培养学生具有对一般变压器、电动机、常用低压电器、继电器-接触器控制电路的维护、故障排除和数据分析、综合应用能力。本书的特色：第一、遵循理论够用、实践突出，实验操作和工艺规范相结合的原则，彰显问题分析和问题解决能力；第二、开发配套电机学虚拟实验教学平台，在计算机的支持下，可以完成实验室对应实验内容并可以随意扩展，很好地解决了实验硬件条件的限制和约束；第三、配套实训报告册，该报告册设计合理，让学生能够清晰地掌握实验过程步骤、实验数据记录，最重要的是引导学生进行思考，合理地分析计算实验数据，得出正确的实验结论，培养学生总结、反思和归纳的能力。

　　本书可供电气工程及其自动化、轨道交通信号与控制、电力电子与电力传动、磁浮与城市轨道交通等本科专业和铁道供电、电气自动化技术等高职专业学生的实验课程使用，也可作为社会电气工作者的参考用书。

本书得以出版，感谢西南交通大学教务处教材建设与管理科的立项支持，感谢西南交通大学电气工程学院教授委员会的鼎力支持把关和建议。

本书由邱忠才、葛兴来和郭冀岭主编，其中，邱忠才负责全书统筹规划并编写第一篇章内容，葛兴来编写第二篇章内容，郭冀岭编写实训报告内容，潘育山和赵丽平主审。

由于编者学识有限，本书难免出现疏漏之处，恳请读者批评指正。

编 者

2023 年 9 月

目 录

绪 论 ·· 001

第一节 电机学实验室安全操作守则 ··· 001

第二节 电机学实验的基本要求 ·· 002

第三节 电机学实验项目和内容 ·· 003

第四节 电机学线上虚拟实验 ··· 006

第1篇 电机实验室线下实验 ·· 009

实验 1 电机学认识实验 ··· 009

实验 2 直流发电机实验 ··· 012

实验 3 直流电动机实验 ··· 017

实验 4 直流电动机启动和调速实验 ··· 021

实验 5 单相变压器实验 ··· 024

实验 6 三相变压器实验 ··· 032

实验 7 三相变压器连接组别判定实验 ·· 040

实验 8 三相绕组与旋转磁场实验 ··· 048

实验 9 三相绕线式异步电机启动和调速实验 ·· 051

实验 10 三相鼠笼异步电机变频调速实验 ·· 054

实验 11 三相鼠笼异步电动机的工作特性实验 ··· 057

实验 12 三相鼠笼异步电动机的启动实验 ··· 067

实验 13 三相同步发电机的运行特性实验 ··· 072

实验 14 三相同步发电机的并联运行实验 ··· 078

实验 15 三相同步电动机实验 ··· 083

电机实验测验 ·· 089

第 2 篇　电机实验室虚拟实验 ·· 090

　　电机学虚拟实验使用说明 ·· 090
　　实验 1　单相变压器实验 ·· 092
　　实验 2　三相变压器实验 ·· 101
　　实验 3　三相变压器连接组实验 ·· 109
　　实验 4　直流发电机实验 ·· 112
　　实验 5　直流电动机实验 ·· 119
　　实验 7　三相鼠笼异步电动机工作特性 ·· 125
　　实验 8　三相异步电机变频调速实验 ·· 132
　　实验 9　三相同步发电机运行特性 ·· 135
　　实验 10　三相同步发电机的并联运行 ·· 139

参考文献 ·· 142

绪　论

"电机学"是电气工程及其自动化本科专业学生的重要专业基础课程。该课程理论性强且涉及的基础理论和知识面广，是电、磁、热、力、光、材料等知识的综合，其教学内容与工程实际联系紧密。"电机学实验"是电机学课程体系重要组成部分，自 2015 年以来西南交通大学将电机学实验设为"电机学 AI 实验"和"电机学 B 实验"两门、学分 32 学时的独立授课的实验课。在教育部减少本科教学学分，提高实践教学比重的教育背景下，电机学实验教学比重不但没有减少反而略有增加，这些举措有助于电气工程专业学生掌握各类电机的结构原理、运行特性、计算方法和工程应用等，为毕业后从事电气工程相关专业的设计、调试、运行和维护等工作打下坚实的基础。同时，通过实践教学加强培养学生的自主学习能力、创新精神和家国情怀，引导学生成为能解决复杂电气工程问题的综合型人才。

第一节　电机学实验室安全操作守则

1. 对于首次进入实验室参加实验的学生应进行安全教育和爱护实验室设备的教育。
2. 实验室工作人员应向参加实验的学生介绍本实验室的电压等级和配电概况。实验室总电源由工作人员负责操作，其他人员不得接触。
3. 为确保人身安全，实验时应注意衣服、发辫及实验用线，防止卷入电动机等旋转部件。
4. 学生进行实验时，独立完成的实验线路连接或改接，经实验室工作人员检查无误并提醒全组同学注意后，方可接通电源。
5. 电源必须经过开关或接触器、熔断器之后才可接入实验线路，严禁带电接线、拆线、接触带电裸露部位及电机的旋转部件。
6. 操作开关动作要迅速，以免产生电弧烧坏开关。各种仪表、设备不允许过载运行或其他非正常运行。若仪表、设备发生故障，应报告实验室工作人员或教师，不得自行排除故障。
7. 实验中发生故障时，必须立即切断电源并保护现场，同时报告实验室工作人员或教师。待查明原因并排除故障后，方可继续进行实验。
8. 实验室内禁止吸烟、打闹、大声喧哗、随地吐痰，以及其他不文明的行为。
9. 实验开始后，学生不得远离实验装置或做与实验无关的事情。

10. 实验完毕，应切断电源、检查实验数据，经实验室工作人员或教师同意后再拆除实验线路；实验仪表、用线应分类整齐放置，并清理实验桌（台）面。

第二节　电机学实验的基本要求

电机及电气技术实验课的目的在于培养学生掌握基本的实验方法与操作技能；培养学生学会根据实验目的、实验内容及实验设备拟定实验方案，选择所需仪表，确定实验步骤，测量所需数据，并对测量数据进行分析研究，得出必要结论，从而完成实验报告。在整个实验过程中，必须集中精力，及时认真做好实验。现按实验过程提出下列基本要求。

一、实验前的准备

实验前应复习教科书有关章节，认真研读实验指导书，了解实验项目、目的、方法与步骤，明确实验过程中应注意的问题（有些内容可到实验室对照实验预习，如熟悉组件的编号、使用及其规定值等），并按照实验项目准备记录表等。

实验前应写好预习报告，经指导教师检查确认后，方可开始实验。

认真做好实验前的准备工作，这对于培养同学独立工作能力、提高实验质量和保护实验设备都是很重要的。

二、实验的进行

（一）建立小组，合理分工

每次实验都以小组为单位进行，每组由 3~5 人组成，实验过程中的接线、调节负载、保持电压或电流恒定、记录数据等工作都应有明确的分工，以保证实验操作协调，记录数据准确可靠。

（二）选择组件和仪表

实验前先熟悉该次实验所需的组件和仪表，记录电机铭牌和选择仪表量程，然后依次排列组件和仪表便于测量数据。

（三）按图接线

根据实验线路图及所选组件、仪表，按图接线，线路力求简单明了，接线原则是"先接串联主回路，再接并联支路"。为方便检查线路，同一路可用相同颜色的导线或插头。

(四)启动电机,观察仪表

在正式开始实验之前,先熟悉仪表刻度,并记下倍率,然后按规范启动电机,观察所有仪表是否正常(如指针正、反向是否超满量程等)。如果出现异常,应立即切断电源,并排除故障;如果一切正常,即可正式开始实验。

(五)测量数据

预习时必须详细了解电机的试验方法及所测数据的大小。正式实验时,根据实验步骤逐次测量数据。

(六)认真负责,实验有始有终

实验完毕,须将数据交指导教师审阅。经指导教师认可后,才可以拆线并把实验所用的组件、导线及仪器等物品整理好。

三、实验报告

实验报告是根据实测数据和在实验中观察和发现的问题,经过分析研究或分析讨论后写出实验心得体会。

实验报告要简明扼要、字迹清楚、图表规范、结论明确。

实验报告包括以下内容:

1. 实验名称、专业班级、学号、姓名、实验日期、室温(℃)等。
2. 列出实验中所用组件的名称及编号,电机铭牌数据(P_N、U_N、I_N、n_N)等。
3. 列出实验项目并绘出实验时所用的线路图,并注明仪表量程、电阻器阻值、电源端编号等。
4. 数据的整理和计算。
5. 按记录及计算的数据用坐标纸画出曲线,图纸尺寸不小于 8 cm × 8 cm,曲线要用曲线尺或曲线板连成光滑曲线,不在曲线上的点仍按实际数据标出。
6. 根据数据和曲线进行计算和分析,说明实验结果与理论是否符合,可对某些问题提出一些自己的见解并写出结论。实验报告应写在一定规格的报告纸上,保持整洁。
7. 实验后每人独立完成一份报告,并按时送交指导教师批阅。

第三节 电机学实验项目和内容

一、实验总学时(课外学时/课内学时)

总学分:36。

二、实验的地位、作用和目的

电机学实验是电机学 A（AⅠ、AⅡ）、电机学 B、电机与拖动基础等课程的重要组成部分，是教学过程中重要的实验环节。通过实验，使学生加深对课堂教学内容的理解，培养学生使用实验设备的能力和运用实验方法研究电机及其装置的初步能力。

三、基本原理及课程简介

电机学 AⅠ、电机学 AⅡ 和电机学 B 是电气工程与自动化专业的专业基础课，该课程使学生掌握有关直流电动机、直流发电机、变压器、交流感应电动机、交流同步电机及其装置的电磁过程、基本原理、控制方法、设计计算及技术指标等，并在实验环节上验证课堂理论。

四、实验基本要求

1. 由上课教师和实验指导教师讲解实验目的和要求、实验的基本原理、实验设备性能及安全事项。
2. 实验小组人数每组 3～5 人，每个实验 90 分钟，课程内应完成实验方法设计并独立完成实验。
3. 教学实验除验证课堂理论外，还要求学生掌握各种电气参数的测试方法，了解实验仪器、设备的工作原理和使用方法。

五、考核与报告

1. 实验后学生整理实验数据及波形，符合实验的教学要求并得到指导教师肯定以后，学生方可离开实验室。
2. 指导教师对每份实验报告进行批改、评分。

六、实验仪器设备配置

实验仪器设备配备如下：
1. 实验机组及其装置 1 套；
2. 导线若干、万用表、测速仪、电压表、电流表、功率表等。

七、实验项目与内容提要

序号	实验项目名称	内 容 提 要	学时	实验类型
1	直流机变压器认识实验	1. 观察直流电机及变压器内部结构； 2. 熟悉控制台操作； 3. 了解实验的基本要求	2	验证型
2	单相变压器实验	1. 空载实验； 2. 短路实验； 3. 负载实验	2	综合设计型
3	三相变压器实验	1. 空载实验； 2. 短路实验； 3. 负载实验	2	综合设计型
4	三相变压器连接组实验	1. 测量变压器的极性； 2. 判别连接组； 3. 观察电流电势波形（演示）	2	综合设计型
5	直流发电机实验	1. 他励发电机的空载特性； 2. 他励发电机外特性； 3. 并励发电机自励过程； 4. 并励发电机的外特性； 5. 积复励发电机外特性	2	综合设计型
6	直流并励电动机实验	1. 检查直流电动机转向； 2. 测量直流电动机—发电机组的空载损耗以及空载转矩； 3. 测量机械特性和工作特性； 4. 测量调速特性	2	综合设计型
7	三相异步电机、同步电机认识实验	1. 观察异步机、同步机内部结构； 2. 熟悉实验台操作； 3. 测量异步机定子电阻	2	验证型
8	三相绕组与旋转磁场实验	1. 三相绕组的下线与连线； 2. 用指南针检查旋转磁场的转向	2	综合设计型
9	三相感应电动机的工作特性实验	1. 测量定子绕组的冷态电阻； 2. 测量定子绕组的首末端； 3. 作空载及短路实验； 4. 作负载实验	2	综合设计型
10	三相感应电动机的启动与调速实验	1. 星形-三角形启动； 2. 调压器法启动； 3. 绕线式感应电动机转子串电阻启动； 4. 绕组时感应电动机转子串电子调速； 5. 作不同串转子电阻时的机械特性	2	综合设计型

续表

序号	实验项目名称	内容提要	学时	实验类型
11	三相感应电机变频调速实验	1. 变频启动实验； 2. 变频调速实验	2	综合设计型
12	同步发电机工作特性实验	1. 空载实验； 2. 短路实验； 3. 外特性实验	2	综合设计型
13	同步发电机并网实验	1. 并联运行时保持有功功率不变时无功功率调节，测量励磁电流与电枢电流数值； 2. 关联运行时有功功率的调节； 3. 用旋转灯光法作同步发电机并网实验	2	综合设计型
14	同步电动机实验	1. 同步电动机的异步启动； 2. V型曲线的测量； 3. 测取同步电动机工作特性	2	综合设计型

第四节　电机学线上虚拟实验

随着线上虚拟教学技术不断发展，很多高校在探索理论教学的线上教学模式的同时，也投入大量资金和精力筹建虚拟仿真实验平台，开展虚拟实践教学的应用方法研究。这不仅有利于因特殊形势无法开展线下教学条件下，能够实现"停课不停教、停课不停学""一键在手、即时切换、从容应对"教学目标，同时也可以在现有的实验硬件、技术和场所条件下，为线下实验教学提供补充、辅助和延展，进一步提高实验教学质量。为此，课题组基于Matlab自主研发了电机学虚拟仿真实验软件，探索新的实验教学模式，实现基于实＋虚混合的线下线上实验教学新模式。

一、电机学虚拟仿真实验功能设计

虚拟仿真实验平台顶层功能设计如图0-1所示。

（一）预习功能

学生通过软件在课前对相关实验项目进行仿真实验，有助于了解实验目的、实验条件、实验电路、实验对象以及实验对象间的关系曲线等。形象生动的仿真实验预习方法更加深入直观，显著提升预习效果。

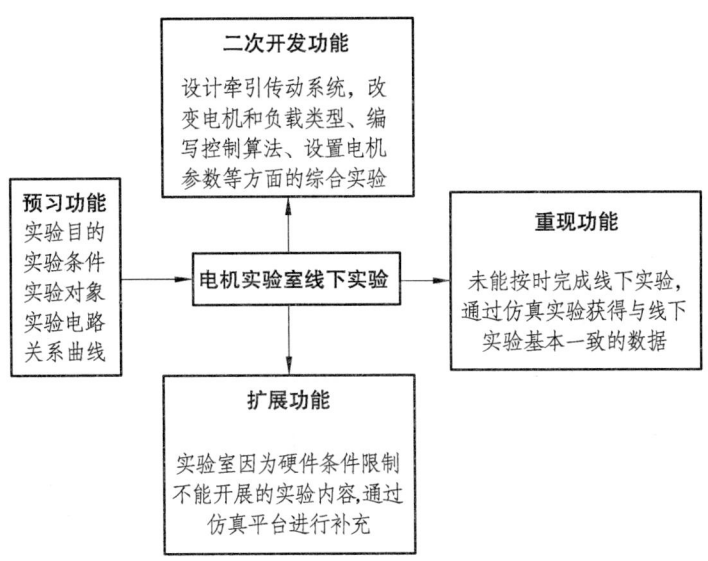

图 0-1　电机学仿真实验功能设计框图

（二）重现功能

实验室能够完成的实验内容和实验步骤，在虚拟仿真实验平台软件中都可以"重现式"实现。电机参数保持一致，实验步骤也保持一致，实验结果具有互通性。

（三）扩展功能

有些实验项目，由于现有的实验设备硬件条件不足导致无法开展部分实验内容，通过仿真实验很好地实现"实＋虚"的结合，有效地扩展实验教学内容。比如，在现有的直流电机实验中，电机机组没有安装力矩传感器，因此涉及电机转矩相关的实验内容，"实"的教学中不是缺失状态就是采用近似计算的方法，都不能很好地满足实验需求。但是在仿真软件"虚"的实验中可以直接输出电机的电磁转矩和负载转矩，这些在没有传感器支撑的实验台中是无法实现的，不管是曲线还是实时的数字显示都可以方便准确的展现。

（四）二次开发功能

仿真实验提供开放的开发环境和基础模型，学生根据需要自己设计传动系统，选择电机类型、编写控制算法、改变负载、设置电机参数等，开发综合性创新型实验，使学生综合设计运用水平得到提高。

二、电机学仿真实验项目设计

在内容设计上，主要包括了直流电机、变压器、异步电机、同步电机和特种电机

5大部分，划分为15个子实验项目，如图0-2所示。其中，特种电机部分，主要是为了满足二次开发所用，通过后台调用，在模型基础上进行综合性和设计性的实验。

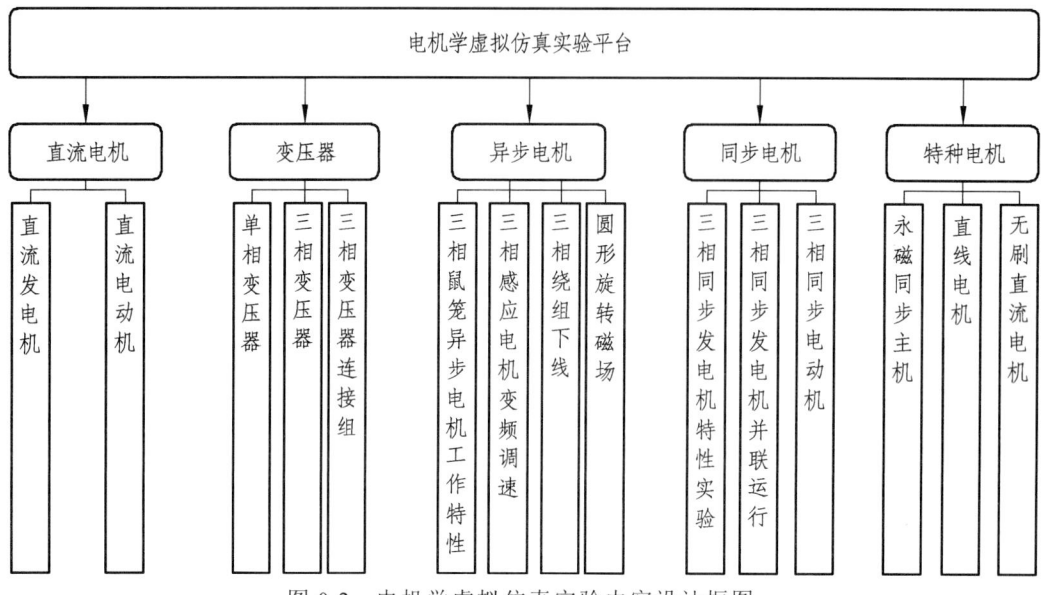

图0-2 电机学虚拟仿真实验内容设计框图

利用研发的电机学虚拟仿真实验教学软件，采用基于"实+虚"的线下线上混合教学模式，高效地利用预习功能、重现功能、扩展功能和二次开发功能，可使学生课前预习效果得到提升，课中动手能力得到加强，课后撰写的报告更加规范，实验教学质量提升显著。虚实结合、互为补充，使得实验不受时间、空间和设备的限制，丰富了实验教学手段和教学方式。

第1篇　电机实验室线下实验

实验1　电机学认识实验

一、实验目的

1. 了解并熟悉实验室安全规范。
2. 了解并熟悉实验要求和操作规范教学。
3. 了解并熟悉电机实验室实验操作台、电机对象、测量仪器等。

二、实验内容

1. 了解电压表的使用方法。
2. 了解电流表的使用方法。
3. 如何正确选择仪器仪表，特别是选择电压表、电流表的量程。
4. 了解功率表的使用方法（二表法）。
5. 了解测速仪的使用方法。
6. 了解实验对象的铭牌标识及代表的物理量参数值，作为后面实验和实验数据分析的依据。
7. 用伏安法测量直流电动机和直流发电机的电枢绕组的冷态电阻。
8. 了解万用表的使用方法。
9. 了解实验平台装置各面板布置及使用方法，了解电机实验的基本要求，了解安全操作和注意事项。

三、实验设备及仪表

1. 单相变压器	1台
2. 三相调压器	1台
3. 交流电压表	2块
4. 交流电流表	2块
5. 低功率因数功率表	1块

6. 高功率因数功率表		1 块
7. 负载灯箱		1 台
8. 功率因数表		1 块
9. 单相可调电抗器		1 台
10. 电机及电气技术实验装置		1 台
11. 并励直流电动机-直流发电机机组		1 台
12. 可调电阻器（R_{f1} = 500 Ω，R_{f2} = 2 kΩ）		3 台
13. 直流电压表		2 块
14. 直流电流表（I_{f1}、I_{f2} = 1 A 挡，I、I_F = 10 A 挡）		3 块
15. 转速表或测速仪		1 台
16. 有源负载		1 台
17. 三相鼠笼异步电动机		1 台
18. 三相绕线转子异步电动机		1 台
19. 自耦变压器		1 台
20. 可调电阻器		3 台
21. 他励直流发电机组-异步电动机组		1 套
22. 交直流电流表		4 台
23. 交直流电压表		2 台
24. 三相同步发电机		1 台
25. 直流电动机		1 台
26. 电阻器		1 台
27. 三相同步指示灯		1 组

四、实验预习

1. 电机铭牌标识的规则。
2. 电压表、电流表、功率表等常用仪表的连接方法以及选择标准。
3. 二表法测量功率的基本原理。
4. 平衡电桥和欧姆定律测量电阻的原理及步骤。

五、实验说明

学生熟悉并掌握强电实验操作规范、实验室安全法则、实验室安全突发状况处理方案、常用测量仪器使用方法，熟悉实验对象。

六、实验方法及操作步骤

选择合适的直流电源、电压表和电流表等测量仪表,设计直流电动机和直流发电机励磁绕组与电枢绕组冷态电阻测量电路,搭建实际测量电路,记录实验数据,并判断实验结果是否合理。

七、实验报告与要求

1. 设计实验表格,记录直流电动机与直流发电机冷态电阻测量实验数据。
2. 用测量的实验数据计算较为准确的电阻值,并分析合理性。

八、实验思考

1. 推导在用二表法测量三相电路功率时,为什么两个功率表的代数和为总功率?
2. 选择电压表和电流表量程的基本原则是什么?

实验 2　直流发电机实验

一、实验目的

1. 掌握并励直流发电机建立稳定电压的操作过程。
2. 掌握用实验方法测定直流发电机运行特性的方法。

二、实验内容

1. 观察并励直流发电机的自励过程。
2. 测定并励直流发电机的外特性 $U = f(I)$。
3. 测定他励直流发电机的空载特性 $U_0 = f(I_f)$、外特性 $U = f(I)$ 和调整特性 $I_f = f(I)$。

三、实验设备与仪表

1. 直流发电机　　　　　　　　　　　　　　　　　　　1 台
2. 直流电动机　　　　　　　　　　　　　　　　　　　1 台
3. 可调电阻器（$R_{f1} = 500\ \Omega$，$R_{f2} = 2\ k\Omega$）　　　3 台
4. 直流电压表　　　　　　　　　　　　　　　　　　　2 块
5. 直流电流表（I_{f1}、$I_{f2} = 1\ A$ 挡，I、$I_F = 10\ A$ 挡）　3 块
6. 转速表或测速仪　　　　　　　　　　　　　　　　　1 台
7. 可调有源负载　　　　　　　　　　　　　　　　　　1 台
8.（可选）电机及电气技术实验装置　　　　　　　　　1 台

四、实验预习

1. 复习并励直流发电机的自励条件及达到自励条件应采取的措施。
2. 预习直流发电机的空载特性和外特性的定义及测定的条件。
3. 了解测量直流发电机空载特性和外特性的实验线路。

五、实验说明

1. 注意正确启动直流电动机，使直流电动机的转向与发电机规定的转向一致。若电动机容量小，则可以直接启动。

2. 进行并励直流发电机实验时,应检查发电机是否有剩磁,若无剩磁,应对发电机进行充磁。

3. 直流发电机的负载使用可调有源负载,所加负载不能超过发电机的额定容量。

4. 实验线路(见图 1-1)中 Q_2 是双向开关,可以闭合直流发电机励磁回路至他励位置或并励位置。

5. 直流发电机空载实验时,励磁电流应单方向调节。

六、实验方法与操作步骤

直流发电机的实验线路如图 1-1 所示,作为驱动电机的并励直流电动机 M 的转子与直流发电机 G 的转子机械连接。

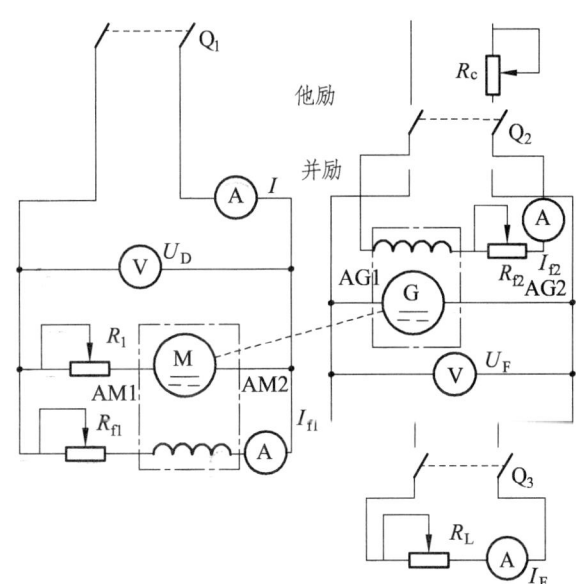

图 1-1 直流发电机的实验线路

(一)并励直流发电机的自励过程

1. 将并励直流电动机 M 电枢回路的启动电阻 R_1 调至最大值,励磁回路电阻 R_{f1} 调至最小值,断开直流发电机 G 的励磁开关 Q_2 和负载开关 Q_3。

2. 闭合电源开关 Q_1 启动并励直流电动机,调节回路电阻 R_1 和励磁回路电阻 R_{f1},使并励直流电动机转速达到额定值 n_N 并保持不变。

3. 检查直流发电机有无剩磁的方法是,断开发电机励磁回路双向开关 Q_2,在发电机转速 $n=n_N$ 的状态下,用电压表测量发电机电枢两端有无剩磁电压。若无剩磁电压,则将发电机励磁回路双向开关 Q_2 闭合至他励位置进行充磁即可。

4. 将直流发电机励磁回路电阻 R_{f2} 调至最大值,双向开关 Q_2 闭合至并励位置。

5. 在发电机空载且转速 $n = n_N$ 的状态下，逐步减小励磁回路电阻 R_{f2} 值，观察发电机电枢两端的电压 U_F 的变化情况。若电枢电压 U_F 上升，即发电机励磁绕组与电枢绕组的连接极性正确。若电枢电压 U_F 减小，则发电机励磁绕组与电枢绕组的连接极性错误。此时应断开电源开关 Q_1，待机组停机后，再断开励磁回路双向开关 Q_2，对调发电机励磁绕组的连接极性或改变发电机的转向。注意两者只取其一，不可同时改变。

6. 并励直流发电机在有剩磁、励磁绕组极性接法正确和励磁回路总电阻小于临界电阻的条件下，才能建立起稳定的电压。

（二）测定他励直流发电机的空载特性

1. 将双向开关 Q_2 置于中间位置，闭合电源开关 Q_1，如前所述启动直流电动机，并注意观察电机转向是否与规定的转向一致。

2. 调节直流电动机的转速，使发电机的转速达到 $n = n_N$。

3. 断开发电机负载开关 Q_3，调节发电机励磁回路电阻 R_{f2} 至最大值位置，同时将直流发电机励磁回路双向开关 Q_2 闭合至他励位置。

4. 逐步减小发电机的励磁回路电阻 R_{f2} 值，使发电机空载电压 $U_F \approx 1.2 U_{FN}$。

5. 在保持发电机空载及转速额定的条件下，从 $U_F = 1.2 U_{FN}$ 开始，单方向逐步增加励磁回路电阻 R_{f2} 值，使发电机励磁电流 I_{f2} 逐步减小。

6. 每次记下发电机空载电压 U_F 和励磁电流 I_{f2} 的数据，应在 $U_F = U_{FN}$ 附近增加数据的测量点，直至 $I_{f2} = 0$（即断开发电机励磁回路开关 Q_2，此时所测的电压即为剩磁电压）。共读取 7 组数据，将所读数据记入表 1-1 中。

表 1-1 他励发电机空载实验数据

序　号	1	2	3	4	5	6	7
U_{F0}/V							
I_{f2}/A							

（三）测定他励直流发电机的外特性

1. 如前所述启动直流电动机并保持发电机转速 $n = n_N$，调节发电机励磁回路电阻 R_{f2} 值，使发电机输出电压为 $U_F = U_{FN}$。

2. 将发电机负载电阻 R_L 调至最大值，闭合负载开关 Q_3。

3. 逐步减小负载电阻 R_L 值，使负载电流逐步增加，同时调节发电机输出电压与转速，使 $U_F = U_{FN}$、$n = n_N$ 和 $I_F = I_{FN}$，此时为发电机的额定运行点。额定运行点对应的励磁电流为额定励磁电流 $I_{f2} = I_{f2N}$，记录下该组数据。

4. 在保持直流发电机 $n = n_N$ 和 $I_{f2} = I_{f2N}$ 不变的条件下，逐步增加负载电阻 R_L 值，使发电机负载电流逐步减小。每次记下发电机负载电流 I_F、输出电压 U_F 直至空载（即断开负载开关 Q_3）的数据，共读取 6 组，将所读数据记入表 1-2 中。

表 1-2　他励发电机外特性实验数据

序　号	1	2	3	4	5	6
I_F/A						
U_F/V						

（四）测定他励直流发电机的调整特性

（1）如前所述，启动直流电动机并保持发电机转速 $n=n_N$，调节发电机励磁回路电阻 R_{f2} 值，使发电机输出电压为 $U_F=U_{FN}$。将发电机负载电阻 R_L 调至最大值，然后闭合负载开关 Q_3。

（2）在保持直流发电机 $n=n_N$ 和 $U_F=U_{FN}$ 不变的条件下，逐步增加负载电阻 I_F。当负载电流增加时，为保持发电机输出电压 U_{FN} 不变，要相应调节发电机励磁电流 I_{f2}。在负载电流 $I_F=0\sim I_{FN}$ 的范围内，记下负载电流 I_F 和发电机励磁电流 I_{f2} 的数据，共读取 6 组，将所读数据记入表 1-3 中。

表 1-3　他励发电机调整特性实验数据

序　号	1	2	3	4	5	6
I_{f2}/A						
I_F/A						

（五）测定并励直流发电机的外特性

1. 并励直流发电机的外特性是在 $n=n_N$ 和 $R_{f2}=R_{f2N}$ 保持不变的条件下测取的，操作步骤参照他励发电机方法进行。

2. 将发电机励磁回路双向开关 Q_2 闭合至并励位置，调节发电机至 $n=n_N$、$U_F=U_{FN}$ 和 $I_F=I_{FN}$ 的额定工作状态，并保持发电机在此额定状态下的励磁回路电阻 R_{f2}（R_{f2N}）不变。

3. 在上述状态下，逐步增加负载电阻 R_L 值，以减小发电机的负载电流直至 $I_F=0$。记下发电机输出电压 U_F 和输出电流 I_F 的数据，共读取 6 组，将所读取数据记入表 1-4 中。

表 1-4　并励发电机外特性实验数据

序　号	1	2	3	4	5	6
I_F/A						
U_F/V						

七、实验报告与要求

1. 列出实验用并励直流发电机的主要额定数据。
2. 绘制并励直流发电机实验的实际接线图。
3. 根据实验数据作出他励直流发电机的空载特性 $U_F = f(I_f)$、外特性曲线 $U_F = f(I_F)$、调整特性曲线 $I_{f2} = f(I_F)$ 及并励发电机的外特性曲线 $U_F = f(I_F)$。将他励和并励发电机的外特性曲线 $U_F = f(I_F)$ 绘在同一坐标纸上。
4. 根据实验数据按式（1-1）求出他励和并励发电机在额定负载下的电压调整率 ΔU：

$$\Delta U = \frac{U_{F0} - U_{FN}}{U_{FN}} \times 100\% \qquad (1-1)$$

5. 对他励和并励情况下发电机电压调整率 ΔU 的差异原因进行分析。

八、实验思考

进行直流发电机空载实验时，其励磁电流为什么必须单方向调节？

实验 3　直流电动机实验

一、实验目的

掌握用实验的方法测定并励直流电动机的工作特性。

二、实验内容

测定并励直流电动机的固有（自然）工作特性：

在保持电动机端电压 $U_D = U_N$ 和励磁电流 $I_{f1} = I_{f1N}$ 的条件下，测取电动机的转速特性 $n = f(I_a)$、转矩特性 $T = f(I_a)$ 和效率特性 $\eta = f(I_a)$。

三、实验设备与仪表

1. 并励直流电动机—直流发电机机组　　　　　　　　　　　　1 台
2. 可调电阻器（$R_{f1} = 500\ \Omega$，$R_{f2} = 2\ \mathrm{k}\Omega$）　　　　　3 台
3. 直流电压表　　　　　　　　　　　　　　　　　　　　　　2 块
4. 直流电流表（I_{f1}、$I_{f2} = 1\ \mathrm{A}$ 挡，I、$I_F = 10\ \mathrm{A}$ 挡）　　3 块
5. 转速表或测速仪　　　　　　　　　　　　　　　　　　　　1 台
6. 有源负载　　　　　　　　　　　　　　　　　　　　　　　1 台
7. 电机及电气技术实验装置（可选）　　　　　　　　　　　　1 台

四、实验预习

1. 了解并励直流电动机固有工作特性的定义及测定条件。
2. 了解并励直流电动机的调速原理及各种调速方法的特点。

五、实验说明

1. 直流电动机应由启动器启动或降低电枢电压启动。
2. 检查直流电动机转向。
3. 若用直流发电机作为直流电动机的负载，工作特性中转速特性 $n = f(I_a)$ 为实测数据，转矩特性 $T = f(I_a)$ 和效率特性 $\eta = f(I_a)$ 则应根据实验数据计算求得。
4. 实验前，了解被试电动机的主要额定数据。
5. 实验中，电动机的励磁回路一定要接牢固，不能开路，调电动励磁时要慢。

六、实验操作方法

测定并励直流电动机工作特性和调速特性的实验线路如图 1-2 所示。

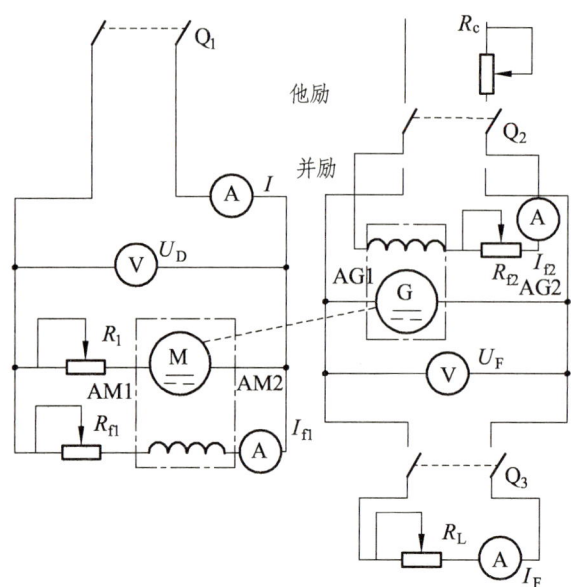

图 1-2　直流电动机实验线路

并励直流电动机的工作特性如下：

1. 调节并励电动机电枢回路电阻 R_1 为最大值、励磁回路电阻 R_{f1} 为最小值，合上电源开关 Q_1 启动并励电动机。

2. 调压电阻 R_1 逐步减小至 0，使电动机电枢端电压为额定值 $U_a = U_{DN}$，电机启动结束。

3. 将直流发电机励磁回路电阻 R_{f2} 调至最大值，合上励磁电源开关 Q_2。合上负载开关 Q_3。

4. 在保持电动机电枢端电压 $U_a = U_{DN}$、励磁电流 $I_{f1} = I_{f1N}$ 和转速 $n = n_N$ 的条件下、调节电阻 R_{f2}、R_L 以增加电动机负载，直到电动机的输入电流达到额定值为止。此时即为电动机的额定运行状态。

5. 读取额定点数据 U_{DN}、I_N、I_{f1N}、n_N 和直流发电输出电流及电压 U_F、I_F。在仍然保持电动机电枢端电压 $U_a = U_{DN}$ 及励磁电流 $I_{f1} = I_{f1N}$ 不变的条件下，调节 R_L 及 R_{f2}，并逐步减小电动机负载直至空载（即断开测功机的电源开关 Q_3）为止。记下每次电动机的输入电流 I、U_D 转速 n 和直流发电机输出电压 U_F、电流 I_F 的数据，共读取 7 组，将所读数据记入表 1-5 中。

表 1-5 工作特性实验数据

U_{DN} = _____V, I_{f1N} = _____A

序 号	1	2	3	4	5	6	7
I/A							
I_a/A							
n/(r/min)							
U_F/A							
I_F/A							
U_D/A							

注：表中 $I_a = I - I_{f1N}$。

七、实验报告与要求

1. 列出实验用并励直流电动机的主要额定数据。
2. 绘制测定并励直流电动机工作特性的实验接线图。
3. 根据表 1-5 的实验数据作出转速特性曲线 $n = f(I_a)$、转矩特性曲线 $T = f(I_a)$ 和效率特性曲线 $\eta = f(I_a)$。

效率特性曲线 $\eta = f(I_a)$ 可根据实验数据由式（1-2）求出：

$$\eta = \frac{P_2}{P_1} \times 100\% \tag{1-2}$$

具体地，电动机的效率 η_D 和转矩 T_2 的计算过程如下：

电动机输入电功率：$P_1 = U_D \cdot I$

电枢电流：$I_a = I - I_{f1}$

电动机效率：$\eta_D = \eta_F \approx \sqrt{\dfrac{P_{2F}}{P_1}}$（两电动机效率几乎相等，这时忽略了两电动机效率和效率曲线的差别）。

电动机的输出功率：$P_2 = P_1 \eta_D$

发电机的输出功率：$P_{2F} = U_F \cdot I_F$

电动机的输出转矩：$T_2 = 0.975 \cdot \dfrac{P_2}{n}$

T_2 是电动机输出转矩，由此数据所作的曲线是电动机输出转矩特性 $T_2 = f(I_a)$。若已测得电动机电枢电阻 R_a，则可根据实验数据计算求得电磁转矩特性曲线 $T_{em} = f(I_a)$。电磁功率 P_{em} 和电磁转矩可表示为：

$$P_{em} = I_a[U-(R_a+R_1)] \tag{1-3}$$

$$T_{em} = \frac{P_{em}}{2\pi n/60} \tag{1-4}$$

（4）根据工作特性实验数据计算被测电动机的转速变化率，其表达式为：

$$\Delta n\% = \frac{n_0 - n_N}{n_N} \times 100\% \tag{1-5}$$

式中，n_0 为电动机空载转速（即断开测功机电源开关 Q_2 时的电机转速）。

八、实验思考

测定并励直流电动机的工作特性时为什么要求保持励磁电流 $I_{f1} = I_{f1N}$ 不变？

实验 4 直流电动机启动和调速实验

一、实验目的

1. 掌握用实验的方法测定并励直流电动机的调速特性。
2. 掌握并励直流电动机的调速方法。

二、实验内容

测定并励直流电动机的调速特性:

1. 改变电动机电枢电压 U_a 调速,是在保持电动机端电压 $U_D = U_N$、励磁电流 $I_{f1} = I_{f1N}$ 不变以及输出转矩 T_2 为常数的条件下,测取电动机的调速特性 $n = f(U_a)$。
2. 改变电动机励磁电流 I_{f1} 调速,是在保持电动机端电压 $U_D = U_{DN}$、输出转矩 T_2 不变的条件下,测取电动机的调速特性 $n = f(I_{f1})$。

三、实验设备与仪表

1. 并励直流电动机—直流发电机机组	1 台
2. 可调电阻器($R_{f1} = 500\ \Omega$,$R_{f2} = 2\ k\Omega$)	3 台
3. 直流电压表	2 块
4. 直流电流表(I_{f1}、$I_{f2} = 1\ A$ 挡,I、$I_F = 10\ A$ 挡)	3 块
5. 转速表或测速仪	1 台
6. 有源负载	1 台
7. 电机及电气技术实验装置(可选)	1 台

四、实验预习

1. 了解测定并励直流电动机工作特性和调速特性的实验线路。
2. 了解测定并励直流电动机的工作特性和调速特性的方法。

五、实验说明

1. 直流电动机应由启动器启动或降低电枢电压启动。
2. 检查直流电动转向。

3. 若用直流发电机作为直流电动机的负载，工作特性中转速特性 $n = f(I_a)$ 为实测数据，转矩特性 $T = f(I_a)$ 和效率特性 $\eta = f(I_a)$ 则应根据实验数据计算求得。

4. 实验前，了解实验用电动机的主要额定数据。

5. 实验中，电动机的励磁回路一定要接牢固，不能开路，调节电动励磁时要慢。

六、实验方法与操作步骤

测定并励直流电动机工作特性和调速特性的实验线路如图 1-3 所示。

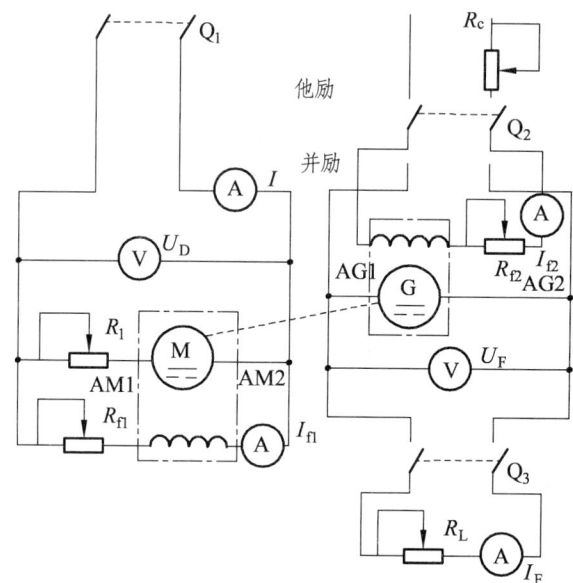

图 1-3 直流电动机实验线路

（一）并励直流电动机的调速特性

1. 改变电动机电枢端电压 U_a 调速。

（1）按前述步骤启动电动机。

（2）将电枢回路电阻 R_1 调至 0，此时电枢端电压 $U_a = U_N$。调节励磁回路电阻 R_{f1}，使励磁电流 $I_{f1} = I_{f1N}$ 并保持不变。

（3）合上电源开关 Q_2 和负载开关 Q_3，调节直流发电机负载适当增加电动机负载，使电动机输入电流 $I \approx 0.5 I_N$ 并保持此时负载转矩不变，即发电机电枢电流 I_F 不变。

（4）在上述条件下，逐步增加电枢回路电阻 R_1 值，降低电枢端电压 U_a，使电动机转速减小。每次读取电枢电压 U_a、转速 n 和输入电流 I 的数据，在电枢回路电阻 R_1 可调范围内共读取 7 组数据，将所读取数据记入表 1-6 中。

表 1-6　改变电枢电压调速实验数据

I_{f1N} = ____A，T_2 = ____N·m

序号	1	2	3	4	5	6	7
U_a/V							
n/（r/min）							
I/A							
I_a/A							

注：表中 $I_a = I - I_{f1N}$。

2. 改变电动机励磁电流 I_{f1} 调速（恒功率调速）。

（1）按前述步骤启动电动机。

（2）将电枢回路电阻 R_1 调至 0，保持电枢端电压 $U_a = U_{DN}$ 不变。调节直流发电机负载，适当增加电动机负载，使电动机输入电流 $I \approx 0.5 I_N$ 并保持此时测功机转矩 T_2 不变。

（3）在上述条件下，逐步增加励磁回路电阻 R_{f1} 以减小励磁电流 I_{f1}，使电动机转速增加直至 $n = 1.2 n_N$ 为止。每次读取励磁电流 I_{f1}、转速 n 和输入电流 I 的数据，共读取 7 组，将所读数据记入表 1-7 中。

表 1-7　改变励磁电流调速实验数据

U_{DN} = ____V，T_2 = ____N·m

序号	1	2	3	4	5	6	7
I_{f1}/A							
n/（r/min）							
I/A							
I_a/A							

注：表中 $I_a = I - I_{f1}$。

七、实验报告与要求

1. 根据表 1-6 和表 1-7 的实验数据分别绘制改变电枢电压和励磁电流的调速特性曲线 $n = f(U_a)$、$n = f(I_f)$。

2. 分析并励直流电动机两种调速方法的优缺点。

八、实验思考

测量并励直流电动机的工作特性时，为什么要求保持励磁电流 $I_{f1} = I_{f1N}$ 不变？

实验 5　单相变压器实验

一、实验目的

1. 通过空载实验（也称开路实验）和短路实验（也称负载实验）测定变压器的变比和参数。
2. 通过不同性质的负载实验测取变压器的运行特性。

二、实验内容

1. 空载实验：测取空载特性 $U_0 = f(I_0)$，$P_0 = f(U_0)$。
2. 短路实验：测取短路特性 $U_k = f(I_k)$，$P_k = f(I_k)$。
3. 负载实验：对于纯电阻负载，保持 $U_1 = U_{1N}$，$\cos\varphi_2 = 1$ 的条件下，测取 $U_2 = f(I_2)$。

三、实验设备及仪表

1. 单相变压器　　　　　　　　　　　　　　　　　1 台
2. 三项调压器　　　　　　　　　　　　　　　　　1 台
3. 交流电压表　　　　　　　　　　　　　　　　　2 块
4. 交流电流表　　　　　　　　　　　　　　　　　2 块
5. 低功率因数功率表　　　　　　　　　　　　　　1 块
6. 高功率因数功率表　　　　　　　　　　　　　　1 块
7. 负载灯箱　　　　　　　　　　　　　　　　　　1 台
8. 功率因数表　　　　　　　　　　　　　　　　　1 块
9. 单相可调电抗器　　　　　　　　　　　　　　　1 台
10. 电机及电气技术实验装置（可选）　　　　　　　1 台

四、实验预习

1. 变压器的空载和短路实验有什么特点？实验中电源电压一般加在哪一方较合适？

2. 在空载和短路实验中,各种仪表应怎样连接才能使测量误差最小?
3. 如何用实验方法测定变压器的铁耗及铜耗。

五、实验说明

1. 中小型电力变压器的空载电流为 $I_0 = (3\% \sim 10\%)I_N$,短路电压为 $U_k = (5\% \sim 10\%)U_N$,以此选择电流表和功率表的量程。

2. 空载实验应选择低功率因数功率表测量功率,短路实验选择高功率因数功率表测量功率,以减小测量误差。实验时应辨明调压变压器的输入和输出端,以免错接而损坏实验设备。

3. 空载和短路实验时,若电源电压加在变压器一次侧,由所测数据计算的参数不必归算到一次侧。若电源电压加在变压器二次侧,由所测数据计算的参数应归算到一次侧。

4. 空载实验时,应注意读取额定电压 U_N 时的相关数据。短路实验时,应注意读取额定电流 I_N 时的相关数据。

5. 变压器的铁耗与电源电压的频率及波形有关,实验要求电源电压的频率等于或接近被测试变压器的额定频率(允许偏差不超过 ±1%),其波形应该是正弦波。

6. 变压器短路实验时操作应尽快进行,以免线圈发热而引起电阻阻值的变化。

7 变压器负载实验时,所加负载不应超过变压器的额定容量。

六、实验方法及操作步骤

(一)空载实验

单相变压器空载实验接线图如图 1-4 所示。实验用变压器为单相变压器,其额定容量 $P_N = 1$ kW,$U_{1N}/U_{2N} = 380$ V/220 V,$I_{1N}/I_{2N} = 2.6$ A/4.5 A。变压器的低压线圈接电源,高压线圈开路。低压边交流电压表选用 250 V 挡,交流电流表选用 0.5 A 挡,功率表量程选择 300 V、2.5 A、$\cos\varphi = 0.2$ 挡。接通电源前,选好所有电表量程,将交流电源调压旋钮调到输出电压为 0 的位置,然后打开钥匙开关,按下面板上"通"的按钮,此时变压器接入交流电源。调节交流电源调压旋钮,使变压器空载电压 $U_0 = 1.2U_{2N}$,然后,在 $(1.2 \sim 0.2)U_{2N}$ 的范围内逐渐降低电源电压,测取变压器的 U_0、I_0、P_0,计算功率因数。为了计算变压器的变化,共取 6 组数据,记录于表 1-8 中,其中 $U = U_{2N}$ 的点必测,并且该点附近的测点应密些。为了计算变压器的变比,在 U_{2N} 附近测取 3 组原边电压和副边电压的数据,记录于表 1-8 中。

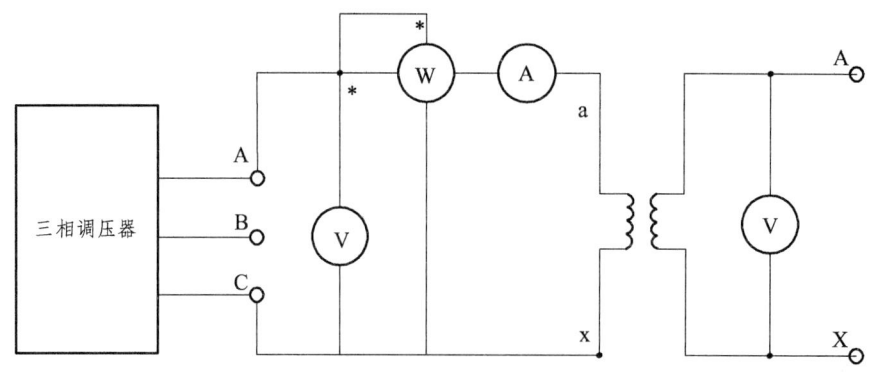

图 1-4 单相变压器空载实验接线图

表 1-8 单相变压器空载实验数据

序号	实验数据				计算数据
	U_0/V	I_0/A	P_0/W	U_{AX}/V	$\cos\varphi_0$
1					
2					
3					
4					
5					
6					

（二）短路实验

变压器的高压线圈接电源，低压线圈直接短路，单相变压器短路实验接线图如图 1-5 所示。

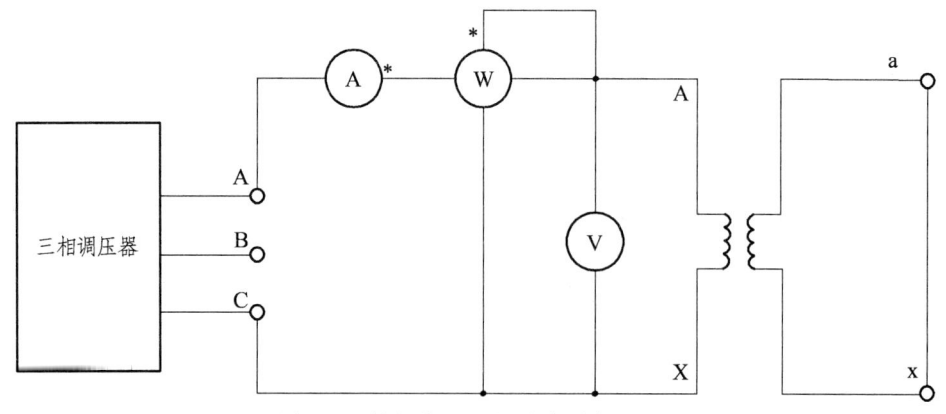

图 1-5 单相变压器短路实验接线图

电压表选择 15 V 挡，电流表选择 5 A 挡，功率表仍选择 150 V、5 A、$\cos\varphi = 0.2$

挡。接通电源前，选好所有电表量程将交流调压旋钮调到输出电压为 0 的位置，然后打开钥匙开关，按下面板上"通"的按钮，此时变压器接入交流电流。逐次增加输入电压，直至短路电流等于 $1.1I_{1N}$ 为止。在 $(0.3 \sim 1.1)I_{1N}$ 即 $(0 \sim 3\text{ A})$ 范围内调节电源输出电流，测取变压器的 U_K、I_K、P_K 共取 6 组数据记录于表 1-9 中，其中 $I_K = I_{1N}$ 的点必测。并记下实验时周围环境温度 $\theta(℃)$。

注意：调高电压时，切记应在观察电流表的同时缓慢升高电压。短路实验操作要快，否则线圈发热会引起电阻变化。

表 1-9 单相变压器短路实验数据

实验温度_____℃

序号	实验数据			计算数据
	U_K/V	I_K/A	P_K/W	$\cos\varphi_K$
1				
2				
3				
4				
5				
6				

（三）负载实验

负载实验接线图如图 1-6 所示。变压器高压线圈接电源，低压线圈经过开关 S_1 和 S_2，接到负载电阻 R_L 和电抗 X_L 上。

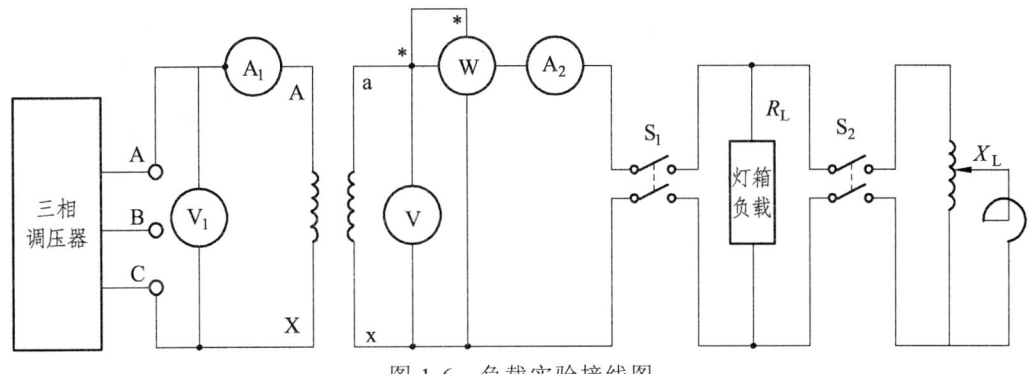

图 1-6 负载实验接线图

1. 纯电阻负载

接通电源前，将交流电源调节旋钮调到输出电压为 0 的位置，负载电阻调至最大（不开灯泡），然后合上 S_1，按下接通电源的按钮，逐渐升高电源电压，使变压器输入

电压 $U_1 = U_{1N} = 380$ V，在保持 $U_1 = U_{1N}$ 的条件下，逐渐增加负载电流，即减少负载电阻 R_L 的阻值（开灯泡），从空载到额定负载的范围内（0~5 A），测取变压器的输出电压 U_2 和电流 I_2，共取 6 组数据，记录于表 1-10 中，其中 $I_2 = 0$ 和 $I_2 = I_{2N}$ 两点必测。

表 1-10 单相变压器负载实验数据

$\cos\varphi_2 = 1$，$U_1 = U_N = $ ____ V

序 号	U_2/V	I_2/A
1		
2		
3		
4		
5		
6		

七、实验报告及要求

（一）计算变比

由空载实验测取变压器的原、副边电压的 3 组数据，分别计算出变比，然后取其平均值作为变压器的变比 K。

$$K = U_{AX}/U_{ax} \tag{1-6}$$

（二）绘出空载特性曲线和计算激磁参数

1. 绘制空载特性曲线：$U_0 = f(I_0)$，$P_0 = f(U_0)$，$\cos\varphi_0 = f(U_0)$。其中，$\cos\varphi_0 = P_0/(U_0 I_0)$。
2. 计算激磁参数。

从空载特性曲线上查出对应于 $U_0 = U_N$ 时的 I_0 和 P_0 值，则激磁参数可表示为：

$$r'_m = \frac{P_0}{I_0^2} \tag{1-7}$$

$$Z'_m = \frac{U_0}{I_0} \tag{1-8}$$

$$X'_m = \sqrt{Z'^2_m - r'^2_m} \tag{1-9}$$

然后，折算到高压侧：

$$Z_m = K^2 Z'_m$$

$$r_m = K^2 r'_m$$

$$X_m = K^2 X'_m$$

（三）绘制短路特性曲线和计算短路参数

1. 绘制短路特性曲线：$U_K = f(I_K)$，$P_K = f(I_K)$，$\cos\varphi_0 = f(I_K)$。
2. 计算短路参数。

从短路特性曲线上查出对应于短路电流 $I_K = I_N$ 时的 U_K 和 P_K 值，计算出实验环境温度为 θ(°C)下的短路参数表达式：

$$Z_K = \frac{U_K}{I_K} \tag{1-10}$$

$$r_K = \frac{P_K}{I_K^2} \tag{1-11}$$

$$X_K = \sqrt{Z_K^2 - r_K^2} \tag{1-12}$$

由于短路电阻 r_K 随温度而变化，因此，算出的短路电阻应按国家标准换算到基准工作温度 75 °C 时的阻值，表达式为：

$$\begin{cases} r_{K75°C} = r_{K\theta} \dfrac{234.5 + 75}{234.5 + \theta} \\ Z_{K75°C} = \sqrt{r_{K75°C}^2 + X_K^2} \end{cases} \tag{1-13}$$

式中，234.5 为铜导线的常数，若用铝导线则该常数应改为 228。

阻抗电压：

$$U_K = \frac{I_N Z_{K75°C}}{U_N} \times 100\%$$

$$U_{Kr} = \frac{I_N r_{K75°C}}{U_N} \times 100\%$$

$$U_{KX} = \frac{I_N X_K}{U_N} \times 100\%$$

当 $I_K = I_N$ 时，短路损耗为 $P_{KN} = I_N^2 r_{K75°C}$。

（四）测算参数和画等效电路

利用空载和短路实验测算出的参数，绘制实验用变压器折算到高压方的"Γ"形等效电路。

（五）变压器的电压变化率 Δu

1. 绘制 $\cos\varphi_2 = 1$ 和 $\cos\varphi_2 = 0.8$ 两条外特性曲线 $U_2 = f(I_2)$，由特性曲线计算出 $I_2 = I_{2N}$ 时的电压变化率 Δu，Δu 的定义可表示为：

$$\Delta u = \frac{U_{20} - U_2}{U_{20}} \times 100\% \qquad (1\text{-}14)$$

2. 根据实验求出的参数，计算出 $I_2 = I_{2N}$、$\cos\varphi_2 = 1$ 和 $I_2 = I_{2N}$、$\cos\varphi_2 = 0.8$ 时的电压变化率 Δu，其表达式为：

$$\Delta u = (U_{Kr}\cos\varphi_2 + U_{KX}\sin\varphi_2)/U_{2N} \qquad (1\text{-}15)$$

将两种计算结果进行比较，并分析不同性质的负载对输出电压的影响。

（六）绘制实验用变压器的效率特性曲线

1. 用间接法计算 $\cos\varphi_2 = 0.8$，不同负载电流时的变压器效率，记录于表 1-11 中。

表 1-11　单相变压器负载实验数据

$\cos\varphi_2 = 0.8$，$P_0 = $ ____ W，$P_{KN} = $ ____ W

序　号	I_2^*/A	P_2/W	η
1	0.2		
2	0.4		
3	0.6		
4	0.8		
5	1.0		
6	1.2		

变压器效率的表达式为：

$$\eta = \left(1 - \frac{P_0 + I_2^{*2}P_{KN}}{I_2^* S_N \cos\varphi_2 + P_0 + I_2^* P_{KN}}\right) \times 100\% \qquad (1\text{-}16)$$

式中　$I_2^* S_N \cos\varphi_2$——变压器输出的有功功率 P_2；
　　　S_N——变压器的额定容量，W；
　　　P_{KN}——变压器在 $I_K = I_N$ 时的短路损耗，W；
　　　P_0——变压器在 $U_0 = U_N$ 时的空载损耗，W。

2. 由计算数据绘出变压器的效率曲线 $\eta = f(I_2^*)$。
3. 计算被试变压器 $\eta = \eta_{\max}$ 时的负载系数 β_m：

$$\beta_m = \sqrt{\frac{P_0}{P_{KN}}} \qquad (1\text{-}17)$$

八、实验思考

1. 为什么空载实验功率表测量的角功功率主要为铁耗而短路实验为何主要为铜耗？
2. 空载实验为何在低压侧进行而短路实验一般在高压测进行？

实验 6　三相变压器实验

一、实验目的

1. 通过空载和短路实验，测量三相变压器的变比和参数。
2. 通过负载实验，测取三相变压器的运行特性。

二、实验内容

1. 测量三相变压器的变比。
2. 空载实验：测取空载特性 $U_0 = f(I_0)$，$P_0 = f(U_0)$。
3. 短路实验：测取短路特性 $U_K = f(I_K)$，$P_K = f(U_K)$。
4. 纯电阻负载实验：保持 $U_1 = U_{1N}$，$\cos\varphi_2 = 1$ 的条件下，测取 $U_2 = f(I_2)$。

三、实验设备及仪表

1. 三相变压器（3 kVA）　　　　　　　　　　　　1 台
2. 三相调压变压器（15 kVA）　　　　　　　　　1 台
3. 交流电压表　　　　　　　　　　　　　　　　2 块
4. 交流电流表　　　　　　　　　　　　　　　　3 块
5. 低功率因数功率表　　　　　　　　　　　　　2 块
6. 高功率因数功率表　　　　　　　　　　　　　2 块
7. 三相可调电阻器或灯箱　　　　　　　　　　　1 台
8. 三相可调电抗器　　　　　　　　　　　　　　1 台
9. 功率因数表　　　　　　　　　　　　　　　　1 块
10. 电机及电气技术实验装置（可选）　　　　　　1 台

四、实验预习

1. 如何用双瓦特计法测量三相功率，空载和短路实验应如何合理布置仪表？
2. 三相心式变压器的三相空载电流是否对称？
3. 如何测量三相变压器的铁耗和铜耗？

五、实验说明

1. 中小型电力变压器的空载电流为 $I_0 = (3\% \sim 10\%)I_N$,短路电压为 $U_K = (5\% \sim 10\%)U_N$,以此选择电流表和功率表的量程。

2. 空载实验应选择低功率因数功率表测量功率,以减小测量误差。

3. 空载和短路实验时,若电源电压加在变压器一次侧,由所测数据计算的参数不必归算。若电源电压加在变压器二次侧,由所测数据计算的参数应归算到一次侧。

4. 空载实验读取数据时,要注意读取额定电压 U_N 时的相关数据。短路实验要注意读取额定电流 I_N 时的相关数据。

5. 变压器一次和二次绕组接法不同时,计算参数时注意对应的电压和电流。

6. 感性负载实验时,功率因数测量使用一相测量的简单方法。

六、实验方法及操作步骤

(一)测定变比

实验用变压器选用三相三线圈心式变压器,额定容量 $P_N = 3 \text{ kV} \cdot \text{A}$,$U_{1N}/U_{2N} = 380 \text{ V}/220 \text{ V}$,$I_{1N}/I_{2N} = 4.5 \text{ A}/7.8 \text{ A}$,Y-Y 接法。

三相变压器变比实验接线图如图 1-7 所示。实验时只用高、低压两组线圈,接通交流电源的操作步骤和单相变压器实验相同。电源接通后,调节外施电压 $U_1 = 0.5U_N$,通过电压表测取高、低压线圈的线电压 U_{AB}、U_{BC}、U_{CA}、U_{ab}、U_{bc}、U_{ca},记录于表 1-12 中。

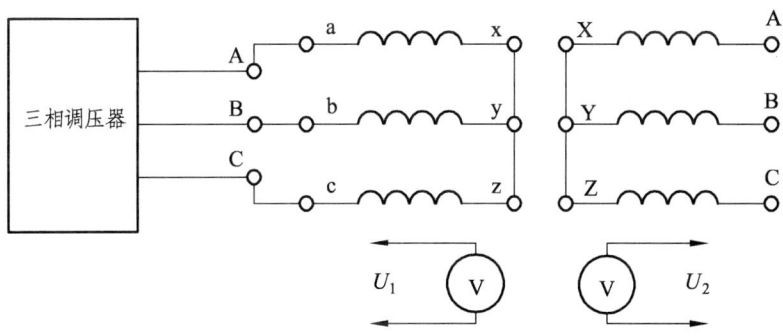

图 1-7 三相变压器变比实验接线图

表 1-12 三相变压器变比实验数据

U/V		K_A	U/V		K_B	U/V		K_C	$K = \dfrac{K_A + K_B + K_C}{3}$
U_{AB}	U_{ab}		U_{BC}	U_{bc}		U_{CA}	U_{ca}		

（二）空载实验

三相变压器空载实验接线图如图 1-8 所示。变压器低压线圈接电源，高压线圈开路。接通电源前，先将三相调压器调到输出电压为零的位置。选好所有电表量程，电压表：300 V 挡位，电流表：150 mA 挡位，功率表 W：$U = 300$ V、电流 $I = 2.5$ A、$\cos\varphi = 0.2$ 挡位，这样每小格为 1 W。电源接通后，调节调压旋钮，使变压器的空载电压 $U_0 = 1.2U_{2N}$，并注意三相电压要基本对称，然后逐渐降低电源电压，在 $1.2U_{2N} \sim 0.2U_{2N}$ 即 260～60 V 范围内调节电源电压，测取变压器三相线电压、电流和功率（注意功率表正负，总有功功率为功率表的代数和），共取 5 组数据，记录于表 1-13 中，其中 $U_0 = U_{2N}$ 的点必测。实验完后，断开电源。

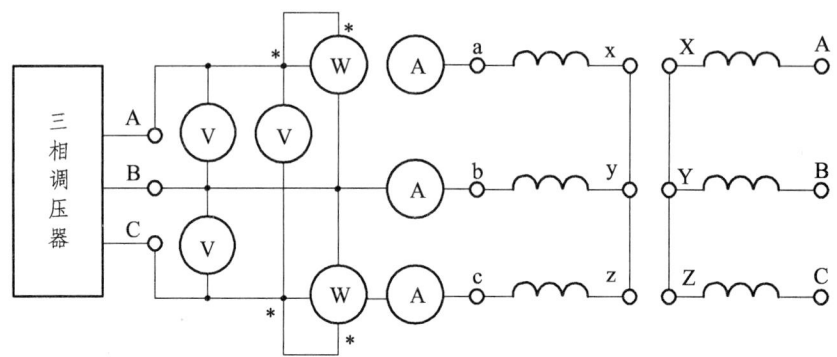

图 1-8 三相变压器空载实验接线图

表 1-13 三相变压器空载实验数据

序号	实验数据								计算数据			
	U/V			I/A			P/W		U_0/V	I_0/A	P_0/W	$\cos\varphi_0$
	U_{ab}	U_{bc}	U_{ca}	I_{ao}	I_{bo}	I_{co}	P_{01}	P_{02}				
1												
2												
3												
4												
5												

（三）短路实验

三相变压器短路实验接线图如图 1-9 所示。变压器高压线圈接电源，低压线圈直接短路。接通电源前，应将三相调压器调到输出电压为零的位置，选好所有电表量程，电压表：60 V 挡位，电流表：5 A 挡位，功率表 W：$U = 150$ V、电流 $I = 5$ A、$\cos\varphi = 0.2$ 挡位，这样每小格为 1W。接通电源后，逐渐增大电源电压，使变压器的短路电流

$I_K = 1.1I_{1N} = 5$ A，并注意三相电源电压基本对称。然后逐渐降低电源电压，在 $1.1I_{1N} \sim 0.2I_{1N}$ 的范围内调节电源电压，测取变压器的三相输入电压、电流及功率，共取 5 组数据，记录于表 1-14 中，其中 $I_K = I_{1N} = 4.5$ A 点必测。实验时，记下周围环境温度 θ(℃)，作为线圈的实际温度。注：升高电压时，同时观测电流表变化，使电流表最大值不超过 $1.1I_{1N} = 5$ A。做短路实验要快，否则线圈发热，会引起电阻变化。

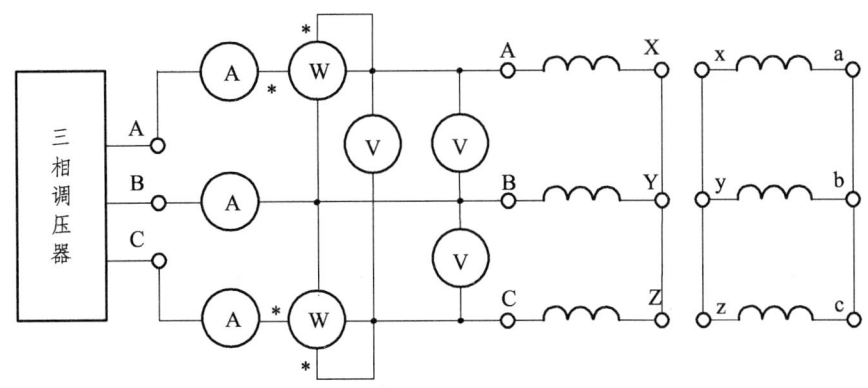

图 1-9　三相变压器短路实验接线图

表 1-14　三相变压器短路实验数据

$\theta =$ ＿＿＿ ℃

序号	实验数据							计算数据			
	U/V			I/A			P/W				
	U_{AB}	U_{BC}	U_{CA}	I_A	I_B	I_C	P_{K1}	P_{K2}	U_K/V	I_K/A	P_K/W	$\cos\varphi_K$
1												
2												
3												
4												
5												

（四）纯电阻负载实验

三相变压器负载实验接线图如图 1-10 所示。变压器低压线圈接电源，高压线圈经开关 S_1 接负载电阻 R_L，R_L 选用灯箱，负载灯箱开关全关。合上开关 S_1，接通电源，调节三相调压旋钮，使加入变压器低压边的电压 $U_1 = U_{2N} = 220$ V，并且三相电源基本对称，在保持 $U_1 = U_{2N}$ 的条件下，逐次增加负载电流，对称开灯泡，从空载到额定负载范围内，测取变压器三相输出线电压和相电流，共取 5 组数据，记录于表 1-15 中，其中 $I_2 = 0$ 和 $I_2 = I_{1N} = 4.5$ A 两点必测。

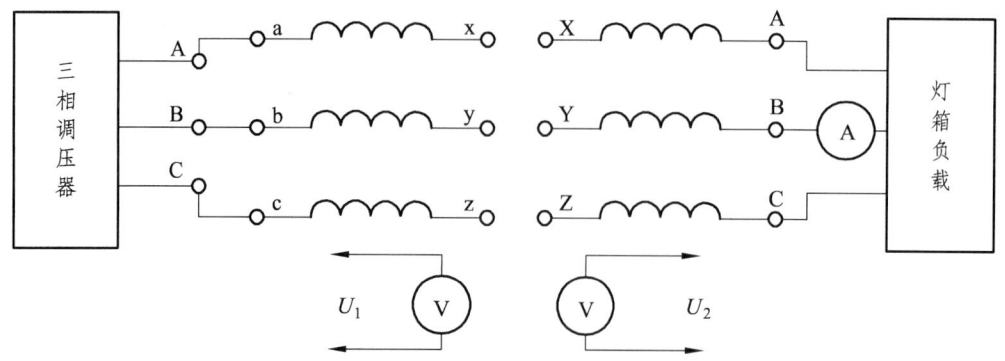

图 1-10 三相变压器负载实验接线图

表 1-15 三相变压器负载实验数据

$U_1 = U_{1N} = 220 \text{ V}$，$\cos\varphi_2 = 1$

序号	U/V				I/A			
	U_{AB}	U_{BC}	U_{CA}	U_2	I_A	I_B	I_C	I_2
1								
2								
3								
4								
5								

注：在三相变压器实验中，应注意电压表、电流表和功率表的合理布置及量程选择。

七、实验报告与要求

（一）计算变压器的变比

根据实验数据，计算出各项的变化，然后取其平均值作为变压器的变比。

$$K_A = \frac{U_{AB}}{U_{ab}}, \quad K_B = \frac{U_{BC}}{U_{bc}}, \quad K_C = \frac{U_{CA}}{U_{ca}}$$

（二）根据空载实验数据绘制空载特性曲线并计算激磁参数

1. 绘制空载特性曲线：$U_0 = f(I_0)$、$P = f(U_0)$、$\cos\varphi_0 = f(U_0)$。

$$U_0 = \frac{U_{ab} + U_{bc} + U_{ca}}{3}$$

$$I_0 = \frac{I_{ab} + I_{bc} + I_{ca}}{3}$$

$$P_0 = P_{01} \pm P_{02}$$

$$\cos\varphi_0 = \frac{P}{\sqrt{3}U_0 I_0}$$

2. 计算激磁参数。

从空载特性曲线查出对应于 $U_0 = U_N$ 时的 I_0 和 P_0 值，则激磁参数可表示为：

$$r'_m = \frac{P_0}{3I_0^2} \quad (1\text{-}18)$$

$$Z'_m = \frac{U_0}{\sqrt{3}I_0} \quad (1\text{-}19)$$

$$X'_m = \sqrt{Z'^2_m - r'^2_m} \quad (1\text{-}20)$$

然后折算到高压侧，有：

$$Z_m = K^2 Z'_m$$

$$r_m = K^2 r'_m$$

$$X_m = K^2 X'_m$$

（三）绘制短路特性曲线和计算短路参数

1. 绘制短路特性曲线 $U_K = f(I_K)$、$P_K = f(I_K)$、$\cos\varphi_K = f(I_K)$。

$$U_K = \frac{U_{AB} + U_{BC} + U_{CA}}{3}$$

$$I_K = \frac{I_A + I_B + I_C}{3}$$

$$\cos\varphi_K = \frac{P_K}{\sqrt{3}U_K I_K}$$

2. 计算短路参数。

从短路特性曲线查出对应于 $I_K = I_N$ 时的 $U = U_K$ 值，则实验环境温度 $\theta(°C)$ 时的短路参数可表示为：

$$r_K = \frac{P_K}{3I_K^2} \quad (1\text{-}21)$$

$$Z_K = \frac{U_K}{\sqrt{3}I_K} \quad (1\text{-}22)$$

$$X_K = \sqrt{Z_K^2 - r_K^2} \tag{1-23}$$

换算到基准工作温度的短路参数为 $r_{K75℃}$ 和 $Z_{K75℃}$，计算出阻抗电压：

$$U_K = \frac{\sqrt{3}I_N Z_{K75℃}}{U_N} \times 100\%$$

$$U_K = \frac{\sqrt{3}I_N r_{K75℃}}{U_N} \times 100\%$$

$$U_{KX} = \frac{\sqrt{3}I_N X_K}{U_N} \times 100\%$$

$I_K = I_N$ 时的短路损耗 $P_{KN} = 3I_N^2 r_{K75℃}$。

（四）测算参数和绘制等效电路

用空载和短路实验测算的参数，画出实验用变压器的"Γ"形等效电路。

（五）变压器的电压变化率 Δu

1. 根据实验数据绘制 $\cos\varphi_2 = 1$ 时的特性曲线 $U_2 = f(I_2)$，由特性曲线计算出 $I_2 = I_{2N}$ 时的电压变化率 Δu。Δu 的定义见式（1-14）。

2. 根据实验求出的参数，算出 $I_2 = I_N$、$\cos\varphi_2 = 1$ 时的电压变化率 Δu。计算公式见式（1-15）。

（六）实验问题的分析总结

1. 用间接法计算 $\cos\varphi_2 = 0.8$ 时，不同负载电流时的变压器效率，记录于表 1-16 中。效率计算见式（1-16）。

2. 根据式（1-17）计算实验用变压器 $\eta = \eta_{\max}$ 时的负载系数 β_m。

表 1-16 三相变压器负载实验数据

$\cos\varphi_2 = 0.8$，$P_0 = \_\_\_\_$ W，$P_{KN} = \_\_\_\_$ W

I_2/A	P_2/W	η
0.2		
0.4		
0.6		
0.8		
1.0		
1.2		

八、实验思考

1. 三相变压器变比计算是线电压之比还是相电压之比？
2. 三相变压器空载实验数据是低压侧数据，如果想获得高压侧数据应该如何处理？说明理由。

实验 7　三相变压器连接组别判定实验

一、实验目的

1. 掌握用实验方法测定三相变压器的极性。
2. 掌握用实验方法判别变压器的连接组。
3. 观察三相变压器线圈不同的连接法和不同铁心结构对空载电源、电动势波形的影响。

二、实验内容

1. 测定变压器的极性。
2. 判断并连接以下连接组。
（1）Y/y-0。
（2）Y/y-6。
（3）Y/d-11。
（4）Y/d-5。
3. 观察不同连接法和不同铁心结构对空载电流和电动势波形的影响（演示）。

三、实验设备及仪表

1. 三相调压变压器	1 台
2. 三相心式变器	1 台
3. 三相组式变压器	1 组
4. 多量程交流电压表	1 块
5. 可调电阻器	1 台
6. 示波器	1 台
7. 电机及电气技术实验装置（可选）	1 台

四、实验预习

1. 连接组的定义是什么？为什么要研究连接组？国家规定的标准连接组有哪几种？
2. 如何把 Y/y-0 连接组改成 Y/y-6 连接组，以及把 Y/d-11 改为 Y/d-5 连接组？
3. 思考三相变压器线圈的连接法和磁路系统对空载电流和电动势波形的影响。

五、实验说明

1. 实验时应辨别三相调压器的输入和输出端,以免错误接线。
2. 实验时外加电压不能过低(190 V 左右),以免引起仪表读数误差过大。

六、实验方法及操作步骤

(一)测定极性

1. 测定相间极性。

实验用变压器选用三相心式变压器,用其中高压和低压两组线圈,额定容量 S_N = 3 kW,U_N = 380/220 V,I_N = 2.6/4.5 A,采用 Y/y 接法。用万用表的电阻挡测出高、低压线圈 12 个出线端之间哪两个相通,并观察其阻值。阻值大的为高压线圈,用 A、B、C、X、Y、Z 标出首末端。低压线圈标记用 a、b、c、x、y、z。按照如图 1-11 所示的接线图接线,将 Y、Z 两端点用导线相连,在 A 相施加约 50%U_{1N} 的电压,测出电压 U_{BY}、U_{CZ},若 U_{BC} = |U_{BY} − U_{CZ}|,则首末端标记正确;若 U_{BC} = |U_{BY} − U_{CZ}|,则标记不对,须将 B、C 两相任一相线圈的首末端标记对调。

用同样方法,将 B、C 两相中的任一相施加电压,另外两相末端相连,判断出 A 相首、末端正确的标记。

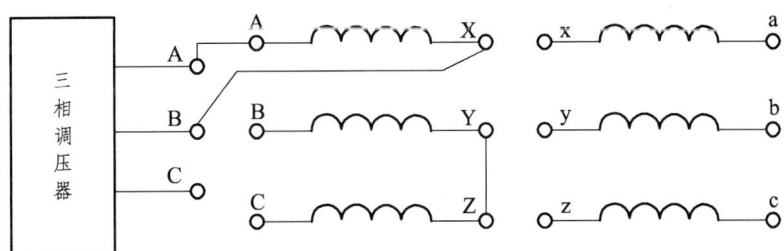

图 1-11 测定相间极性接线图

2. 测定原、副边极性。

暂时标出三相低压线圈的标记 a、b、c、x、y、z,然后按照如图 1-12 所示的接线图接线。原、副边中点用导线相连,三相高压线圈施加约 50% 的额定电压,测出电压 U_{AX}、U_{BY}、U_{CZ}、U_{ax}、U_{by}、U_{cz}、U_{Aa}、U_{Bb}、U_{Cc},若 U_{Aa} = U_{AX} − U_{ax},则 A 相高、低压线圈同柱,并且首端 A 与 a 点为同极性;若 U_{Aa} = U_{AX} + U_{ax},则 A 与 a 端点为异极性。用同样的方法判别出 B、C 两相原、副边的极性。高低压三相线圈的极性确定后,根据要求连接出不同的连接组。

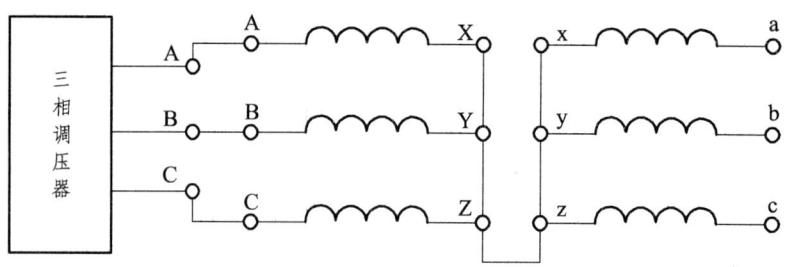

图 1-12 测定原、副边极性接线图

(二)检验连接组

1. Y/y-0。

按照如图 1-13 所示的接线图接线。A、a 两端点用导线连接,在高压侧施加三相对称的 $0.5U_{1N} = 190\ \text{V}$ 的电压,测出 U_{AB}、U_{ab}、U_{Bb}、U_{Cc} 及 U_{Bc},将数据记录于表 1-17 中。

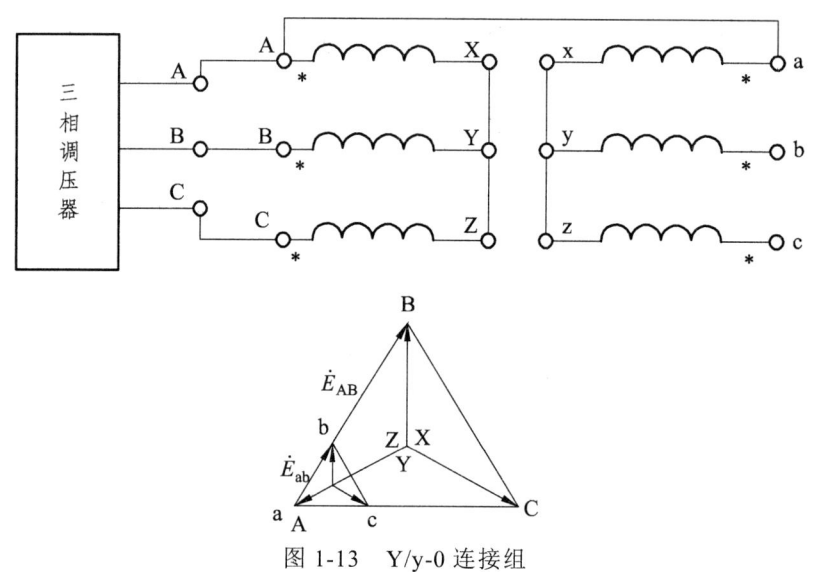

图 1-13 Y/y-0 连接组

表 1-17 Y/y-0 连接组测定实验数据

实验数据					计算数据			
U_{AB}/V	U_{ab}/V	U_{Bb}/V	U_{Cc}/V	U_{Bc}/V	K_L	U_{Bb}/V	U_{Cc}/V	U_{Bc}/V

根据 Y/y-0 连接组的电动势相量图可知:

$$U_{Bb} = U_{Cc} = (K_L - 1)U_{ab} \tag{1-24}$$

$$U_{BC} = U_{ab}\sqrt{K_L^2 - K_L + 1} \tag{1-25}$$

式中，$K_L = \dfrac{U_{AB}}{U_{ab}}$ 为线电压之比。

若用上两式计算出的电压 U_{Bb}、U_{Cc}、U_{Bc} 的数值与实验测取的数值相同，则表示线图连接正常，属于 Y/y-0 连接组。测取完后，关闭电源，重新接线进行下面实验内容。

2. Y/y-6。

将 Y/y-0 连接组的副边线圈首、末端标记对调，A、a 两点用导线相连，如图 1-14 所示。

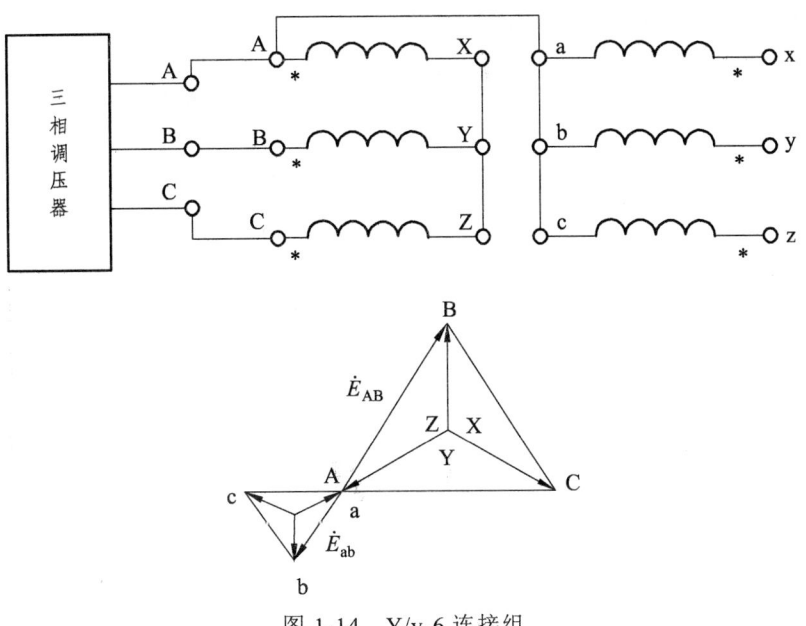

图 1-14　Y/y-6 连接组

按前面方法测出电压 U_{AB}、U_{ab}、U_{Bb}、U_{Cc} 及 U_{Bc}，将数据记录于表 1-18 中。

表 1-18　Y/y-6 连接组测定实验数据

实验数据					计算数据			
U_{AB}/V	U_{ab}/V	U_{Bb}/V	U_{Cc}/V	U_{Bc}/V	K_L	U_{Bb}/V	U_{Cc}/V	U_{Bc}/V

根据 Y/y-6 连接组的电动势相量图可得：

$$U_{Bb} = U_{Cc} = (K_L + 1)U_{ab} \tag{1-26}$$

$$U_{BC} = U_{ab}\sqrt{K_L^2 + K_L + 1} \tag{1-27}$$

若式（1-26）、式（1-27）计算出的电压 U_{Bb}、U_{Cc}、U_{Bc} 数值与实测值相同，则线圈连接正确，属于 Y/y-6 连接组。测量完后，关闭电源，重新接线进行下面实验内容。

3. Y/d-11。

按如图 1-15 所示线路接线。A、a 两端点用导线相连，高压方施加对称额定电压，测取 U_{AB}、U_{ab}、U_{Bb}、U_{Cc} 及 U_{Bc}，将数据记录于表 1-19 中。

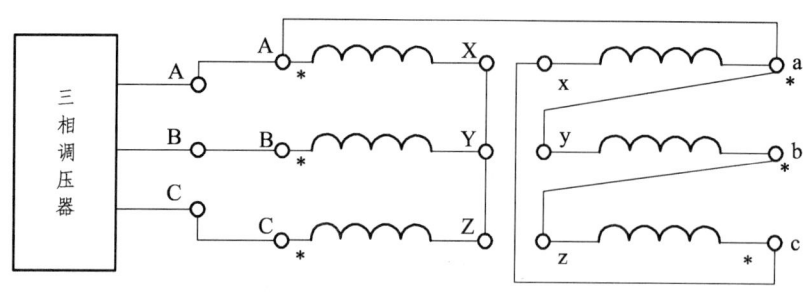

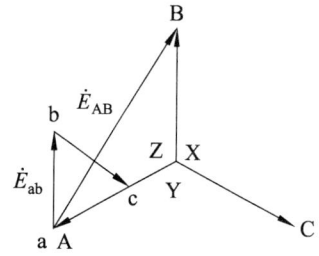

图 1-15 Y/d-11 连接组

表 1-19 Y/d-11 连接组测定实验数据

实验数据					计算数据			
U_{AB}/V	U_{ab}/V	U_{Bb}/V	U_{Cc}/V	U_{Bc}/V	K_L	U_{Bb}/V	U_{Cc}/V	U_{Bc}/V

根据 Y/d-11 连接组的电动势相量可得：

$$U_{Bb} = U_{Cc} = U_{Bc} = U_{ab}\sqrt{K_L^2 - \sqrt{3}K_L + 1} \qquad (1-28)$$

若式（1-28）计算出的电压 U_{Bb}、U_{Cc}、U_{Bc} 数值与实测值相同，则线圈连接正确，属于 Y/d-11 连接组。测量完后，关闭电源，重新接线进行下面实验内容。

4. Y/d-5。

将 Y/d-11 连接组的副边线圈首、末端的标记对调，如图 1-16 所示。实测方法同前，测量 U_{AB}、U_{ab}、U_{Bb}、U_{Cc}、U_{Bc}，将数据记录于表 1-20 中。

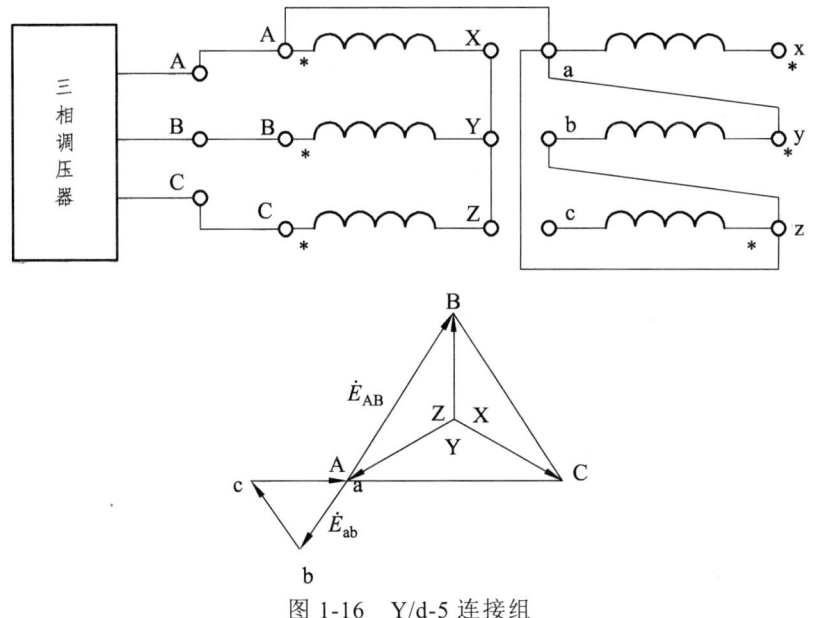

图 1-16 Y/d-5 连接组

表 1-20 Y/d-5 连接组测定实验数据

实验数据					计算数据			
U_{AB}/V	U_{ab}/V	U_{Bb}/V	U_{Cc}/V	U_{Bc}/V	K_L	U_{Bb}/V	U_{Cc}/V	U_{Bc}/V

根据 Y/d-5 连接组的电动势相量图可得：

$$U_{Bb}=U_{Cc}=U_{Bc}=U_{ab}\sqrt{K_L^2-\sqrt{3}K_L+1} \quad (1-29)$$

若式（1-29）计算出的电压 U_{Bb}、U_{Cc}、U_{Bc} 数值与实测值相同，则线圈连接正确，属于 Y/d-5 连接组。

（三）观察空载电流和电动势波形

分别观察三相心式和组式变压器不同连接方法时的空载电流和电动势的波形。

实验先选用三相心式变压器。

1. Y/y 连接。

Y/y 连接的实验线路如图 1-17 所示。

（1）将三相心式变压器 T_1 的一次、二次绕组作 YN/y 连接，断开中性线开关 Q_2，空载电流波形信号从变压器一次侧 C 相绕组所串联的电阻 R 上输出。相电动势波形信号可从变压器二次侧任一相绕组输出，线电动势波形信号可从变压器二次侧任两相绕组间输出。

（2）合上电源开关 Q_1，经调压器 T_1 施加三相对称电压至变电压器一次绕组。在分别外加 $0.5U_N$ 和 U_N 两种电压作用下，用示波器观察三相心式变压器的空载电流 i_0、二次侧相电动势 e_φ 和线电动势 e_L 波形。

（3）同时测量变压器二次绕组的相电压和线电压，并计算二者之比值。

2. YN/y 连接。

YN/y 连接的实验线路仍如图 1-17 所示，闭合中线开关 Q_2，以接通变压器一次侧中性线。重复上述实验步骤（2），用示波器观察三相心式变压器的空载电流 i_0、二次侧相电动势 e_φ 和线电动势 e_L 波形。同时测量变压器二次相电压和线电压，并计算二者之比值。

3. Y/d 连接。

Y/d 连接的实验线路如图 1-18 所示。

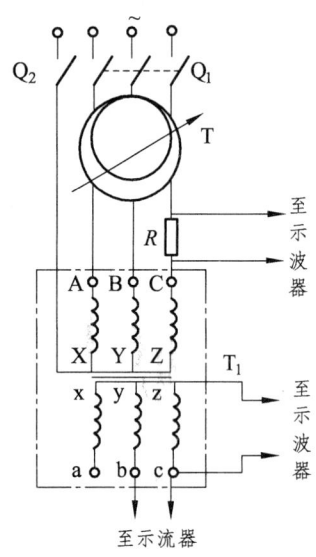

图 1-17 观察三相变压器 YN/y 连接时空载电流和电动势波形的实验线路

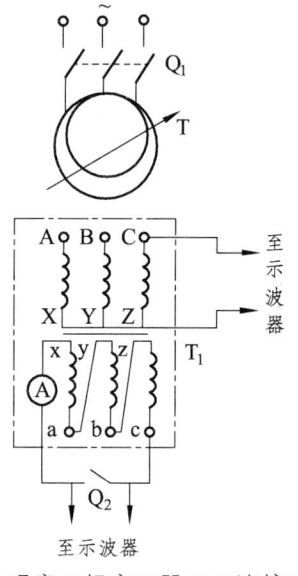

图 1-18 观察三相变压器 Y/d 连接时空载电流和电动势波形的实验线路

（1）将三相心式变压器的一次、二次绕组作 Y/d 连接，断开二次绕组开关 Q_2，相电动势波形信号可从变压器一次侧任一相绕组两端输出，谐波电动势波形信号可从变压器二次绕组开关 Q_2 两端引出。

（2）开关 Q_2 断开后，使得变压器二次绕组已不构成三角形闭合回路。闭合电源开关 Q_1，经调压器施加三相对称电压至变压器一次侧绕组，并调节外加电压至额定值 U_N。用示波器观察变压器一次侧相电动势 e_φ 的波形，测量和观察二次侧开关 Q_2 两端的谐波电压 u_V 数值及波形。

（3）开关 Q_2 闭合后，使变压器二次绕组构成三角形闭合回路，经调压器 T_1 施加三相对称电压至变压器一次绕组。调节外施加的电压至额定值 U_N。用示波器观察变压

器一次侧相电动势 e_φ 的波形，测量和观察二次绕组内部的谐波电流 i_V 数值及波形。

将心式变压器更换为三相组式变压器，重复上述对各种波形的观察步骤，并作出分析比较。

七、实验报告与要求

1. 绘制测量三相变压器相间极性和一次、二次绕组同名端（极性）的实验线路图，列出实验用变压器的主要参数及其额定值。
2. 绘制测量三相变压器不同连接组号的实验线路图。
3. 对于不同连接组标号的三相变压器，分析比较该变压器的实测电压值与计算电压值。
4. 分析三相变压器不同铁心结构和不同绕组连接方式对变压器空载电流及二次侧电动势数值大小、波形的影响。
5. 用表 1-21 中的公式对实测的几种三相变压器连接组标号数据进行校核。

表 1-21 变压器连接组校核公式

（设：$U_{ab} = 1$，$K_L = U_{AB}/U_{ab} = U_{AB}$）

组别	$U_{Bb} = U_{Cc}$	U_{Bc}	U_{Bc}/U_{Bb}
0	$K_L - 1$	$\sqrt{K_L^2 - K_L + 1}$	>1
1	$\sqrt{K_L^2 - \sqrt{3}K_L + 1}$	$\sqrt{K_L^2 + 1}$	>1
2	$\sqrt{K_L^2 - K_L + 1}$	$\sqrt{K_L^2 - K_L + 1}$	>1
3	$\sqrt{K_L^2 + 1}$	$\sqrt{K_L^2 - \sqrt{3}K_L + 1}$	>1
4	$\sqrt{K_L^2 + K + 1}$	$K_L + 1$	>1
5	$\sqrt{K_L^2 + \sqrt{3}K_L + 1}$	$\sqrt{K_L^2 + \sqrt{3}K_L + 1}$	= 1
6	$K_L + 1$	$\sqrt{K_L^2 + K + 1}$	<1
7	$\sqrt{K_L^2 + \sqrt{3}K_L + 1}$	$\sqrt{K_L^2 + 1}$	<1
8	$\sqrt{K_L^2 + K + 1}$	$\sqrt{K_L^2 - K_L + 1}$	<1
9	$\sqrt{K_L^2 + 1}$	$\sqrt{K_L^2 - \sqrt{3}K_L + 1}$	<1
10	$\sqrt{K_L^2 - K_L + 1}$	$K_L - 1$	<1
11	$\sqrt{K_L^2 - \sqrt{3}K_L + 1}$	$\sqrt{K_L^2 - \sqrt{3}K_L + 1}$	= 1

八、实验思考

在测量三相变压器的相间极性时，为什么要用高内阻的电压表来测量？

实验 8 三相绕组与旋转磁场实验

一、实验目的

1. 掌握三相绕组磁场产生的原理。
2. 掌握三相电机定子绕组的布线规律。

二、实验内容

1. 三相木模定子绕组的下线、连线。
2. 用指南针检查旋转磁场的转向。

三、实验设备及仪器

1. 三相调压器   1 台
2. 综合实验装置中的三相电网电源   1 台
3. $Z = 36$ 的木模定子   1 台
4. 绕组线圈   若干
5. 指南针   1 只
6. 交流电流表   1 只

四、实验预习

1. 掌握产生三相旋转磁场的原理。
2. 根据 $Z = 36$、$2p = 6$、$a = 1$ 整步 60°相带，绘出三相单层叠绕组展示图。

五、实验说明

1. 单层绕组的每个槽中只嵌一个绕圈有效边，绕组的线圈数等于总槽数的一半。
2. 一个极距内所有导体的电流方向必须一致，相邻两个极距内所有导体的电流方向必须相反。
3. 在选线时，由于有效边是产生电磁作用的主要部分，所以只要保持有效边的电流流向不变，端部连接方式改变，不会改变电磁情况。
4. 通电时，电流小于 3 A。
5. 用指南针检查旋转磁场时，指南针平放并且尽量靠近木槽。

六、实验方法及操作步骤

（一）参数计算

极距：$\tau = Z/2p = 36/4 = 9$ 槽。

每极每相槽数：$q = Z/(2mp) = 36/(4 \times 3) = 3$ 槽。

槽间电角度：$\alpha = p \times 360°/Z = 3 \times 360°/36 = 30°$

（二）编绘电机的槽号

绘制36线槽，线槽之间的距离均匀对称，需多画数个槽，左右两侧都要标出始末槽号，以展示一个完整的圆周，同时要预留出确定每极每相槽数位置的空余地方，如图1-19所示。

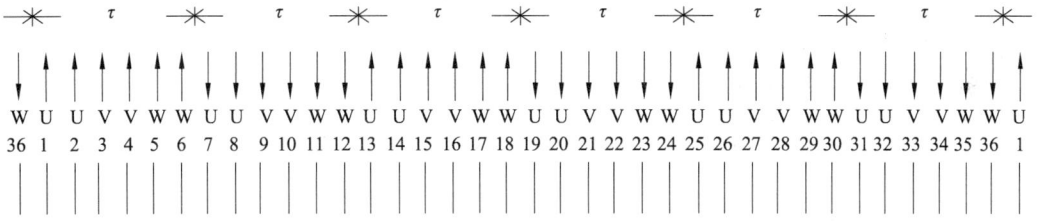

图 1-19 三相 6 极 36 槽电机单层整距绕组槽号绘编

（三）划定极距

把已绘编好的电机槽号，按顺序6等分，并标出极距的位置（如图1-19所示）。

（四）确定每极每相槽的位置

在规划好的极距下，将每一极距3等分，得到每极每相二槽依次在每槽下用U、V、W标出来，以示每极距下，每一相绕组所嵌槽的位置（如图1-19所示）。

（五）标明电流方向

按绕组嵌线排列原则，即一个相距内所有导体的电流方向都必须一致，相邻两个极距内所有导体电流方向都必须相反。在规划好的极距下，标出每个极距内所有导体的电流方向（见图1-19）。

（六）绕组展开图

按照每一极距下每槽中的电流方向以及绕圈节距，把同样号（如都为O的记号）下的线槽适当顺序连接，可构成绕组。根据A、B、C相差120°电角度，确定1为A、5为B、9为C，然后把A、B、C的尾端接在一起，可成Y形连接。最终的绕组展开图如图1-20所示。

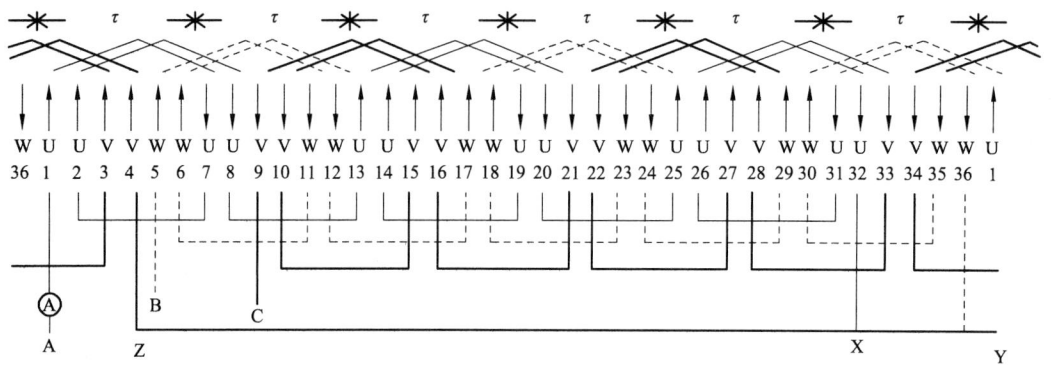

图 1-20 三相 6 极 36 槽电机单层整距绕组展开图

（七）通电验证

在 A、B、C 端加三相电源，A 相串联一个电流表，电流小于 3 A，用指南针验证旋转磁场，观察针是否转动。

七、实验报告要求与要求

验证完成后，写出体会。

八、实验思考

哪些接线错误可能建立不起旋转磁场？

实验 9 三相绕线式异步电机启动和调速实验

一、实验目的

通过实验掌握绕线式异步电动机的串电阻启动和调速方法。

二、实验内容

1. 绕线式异步电机转子串可变电阻器启动。
2. 绕线式异步电机转子串可变电阻器调速。

三、实验设备及仪表

1. 绕线式异步电机-直流电机组。
2. 滑动变阻器。
3. 电流表（50 A 量程）。
4. 灯箱。

四、实验预习

1. 了解绕线式异步电机串电阻启动原理。
2. 了解串电阻调速原理。
3. 了解并励直流发电机自励条件。

五、实验说明

1. 串电阻启动实验时通电时间不要超长，只关心启动瞬间电流最大值。
2. 如果灯箱不亮，观察可调相序是否可改变。

六、实验方法及操作步骤

三相异步电机启动和调速实验接线图如图 1-21 所示。

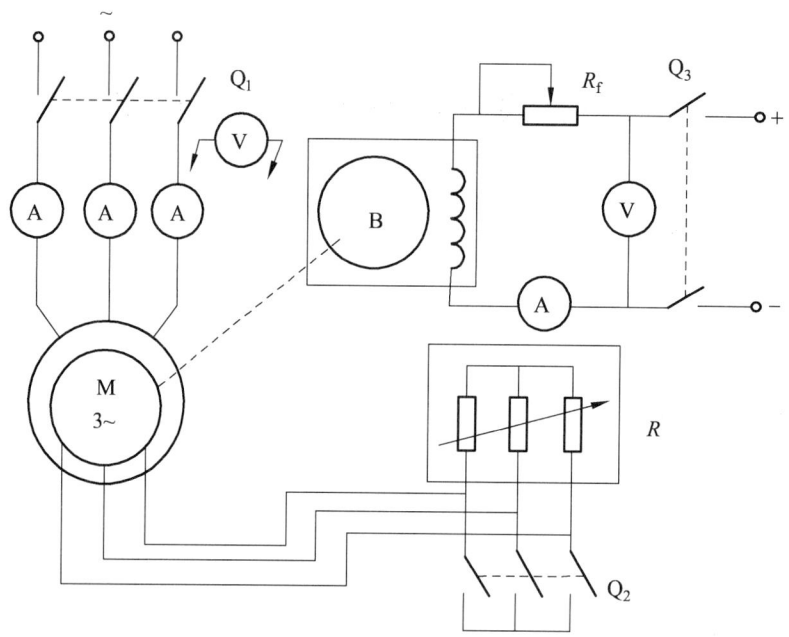

图 1-21 三相异步电机启动和调速实验接线图

1. 观察电机的电刷（没有换向片的），其作用是把电机绕线式转子引出到电机外部的接线端。
2. 同时观察直流电机的电枢和换向片等。
3. 不串联电阻直接启动，观测启动电流。
4. 串入电阻启动，观测启动电流。
6. 调速实验，加入灯箱负载，开 4~6 只灯泡，观测速度变化。
7. 转子回路串电阻调速，即改变 T-s 曲线的临界转差率，从而改变电机的转差率，实现调速。
8. 转子回路串电阻调速，因为有电阻损耗，所以不经济。
9. 回顾并励直流发电机自励条件以及如果发电机没有发电时候的处理办法。
10. B 是励磁绕组，H 是电枢绕组，C 是串励绕组（不用）接成并联直流发电机。

七、实验报告与要求

1. 写出三相绕线式异步电动机额定数据。

2. 三相绕线式异步电动机串联电阻启动实验。
将三相绕线式异步电动机串联电阻启动实验数据记入表 1-22 中。

表 1-22　三相绕线式异步电动机串联电阻启动实验数据　　（$U = 380$ V）

R_{st}/Ω	全压	3.1 Ω	6.2 Ω
I_{st}/A			

结果表明：

3. 三相绕线式异步电动机串联电阻调速试验。

将三相绕线式异步电动机串联电阻调速实验数据记入表 1-23 中。

表 1-23　三相绕线式异步电动机串电阻调速实验数据

$U = 380$ V　　$T_2 = 12$ N·m

R_{st}/Ω	0	1.55 Ω	3.1 Ω	4.55 Ω	6.2 Ω
n/(r/min)					
I/A					

结果表明：

八、实验思考

画出恒转矩调速情况下的机械特性（T-s 曲线）。

实验 10　三相鼠笼异步电机变频调速实验

一、实验目的

1. 掌握三相异步电动机的变频启动原理。
2. 掌握三相异步电动机的变频调速方法。

二、实验内容

1. 变频器的调速原理。
2. 变频器的参数设置。
3. 三相异步电动机的变频启动。
4. 三相异步电动机的变频调速。

三、实验设备及仪器

1. 三相笼型异步电动机	1 台
2. 直流发电机（与异步机同轴）	1 台
3. 直流机负载	1 套
4. 直流发电机励磁电源	1 套（他励）
5. 直流电流表	1 块
6. 直流电压表	1 块
7. 功率表	2 块
8. 整流式电压表	1 块
9. 转速表	1 块
10. 变频器	1 套

四、实验预习

1. 复习变频器调速原理。
2. 理解三相异步电动机变频启动及变频调速实验线路。
3. 理解变频器恒转矩、恒功率调速的频率范围。
4. 理解变频器的参数设定。

五、实验说明

1. 变频器输出端不允许接电源,如果变频器输入端与输出端接反,转瞬间逆变管将被烧坏。

2. 变频器输出电压要用整流式仪表测量,不能用数字式仪表和电磁式仪表,因为用它们测量低频时的输出电压值要比实验值高不少。

3. 变频器负载为电动机时,电动机的三相电流是对称的,采用二表法,只需用两块单相功率表就可以测量三相功率。测量变压器输入端的三相功率,采用单相法,测量每相功率,然后把 3 个仪表的测量结果相加,才能得到变压器的三相功率。

4. 变频启动电机即接预置的加速时间从"启动频率"开始启动,加速时间短,频率上升较大,旋转磁场的转速上升也迅速。如果拖动系统的惯性较大,则电动机转子的转速跟不上同步转速上升,转差较大,加速电流较大,有可能因超过变频器的上限电流值而跳闸,所以,加速时间预置不能太小。

5. 变频器的停机。本实验采用自由减速停机,即封锁变频器的逆变管(按停止按钮),使变频器没有任何输出使电动机处于切断电源后的自由制动状态,异步电机恒转矩调速(通过保持发电机输出电流不变即可)。

六、实验方法及操作步骤

三相异步电动机变频启动和调速的实验接线图如图 1-22 所示,图中电动机的定子绕组通过变频器 U 接至电源,用与异步机同轴的直流发电机并带负载作为电动机的机械负载。

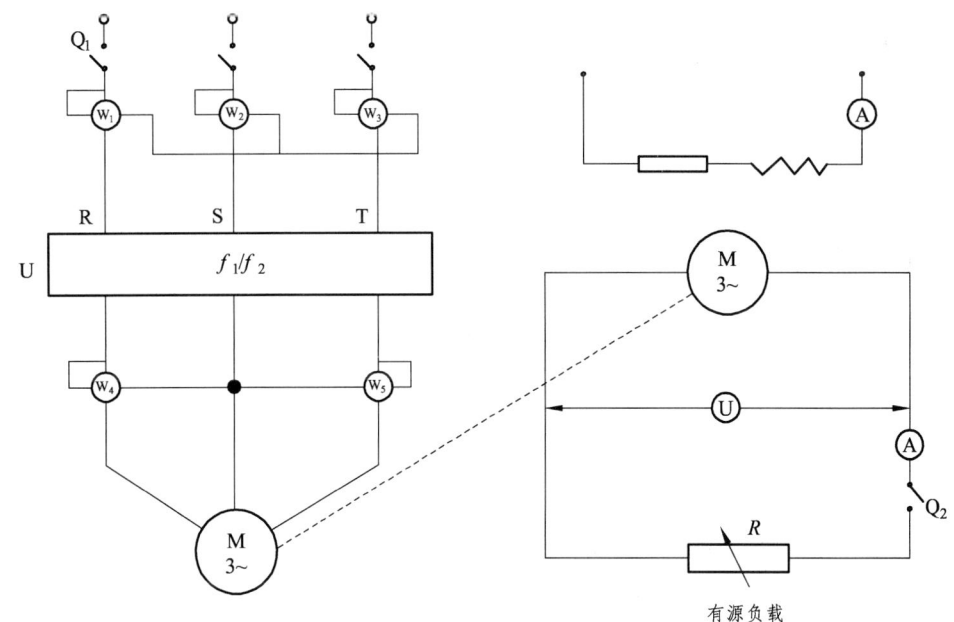

图 1-22 三相异步电动机变频启动和调速实验接线图

1. 合上电源开关 Q_1，三相异步电动机由变频器供电。变频器需要设置的参数包括：380 V，上限频率 50 Hz、电机功率（101）、电机电压（103）、电机频率（104、50 Hz）、电机电流（105、3.7 A）、电机转速（106、1 440）、自动电机适配（107、选 2）、加速时间（207、7s）。变频器参数的具体设置包括：

本机操作（002）选 1　　　　　本机参考值（003）选 50 Hz
本机控制（013）选 1　　　　　功锁定（20）选 1
转速特性（101）选 1　　　　　电压频率比为 380/50 = 7.6
输出频率范围（200）选 1　　　输出频率上限（202）选 60 Hz
调速功能（413）选 D

在设置完成后，大多数情况下，变频器处于准备运行状态。

2. 按下变频器启动按钮，启动电机。

3. 合上直流发电机励磁开关，并合上负载开关 Q_2，调节有源负载电阻 R，施加一定的负载转矩至电动机。

4. 保持电动机负载转矩不变，调节变频器的频率和输出电压。

5. 在转速不超过 $1.2n_N$ 的范围内，读取 5 组电动机不同的端电压、电压频率（查询 5）、转速（查询 12）的数据，填入表1-24中，并观察功率表的变化。

表1-24　异步发电机变频调速的实验数据

电机实验数据	组号				
	1	2	3	4	5
U/V					
f/Hz					
n/（r/min）					

七、实验报告与要求

1. 根据实验数据，分析三相异步电动机变频调速的情况，以及功率变化的情况，得出相应的结论。

2. 绘制补偿后的 U-f 曲线。

3. 绘制恒转矩调速的 P_L-f 曲线。

八、实验思考

变频器在变频的同时为什么还要变压？

实验 11 三相鼠笼异步电动机的工作特性实验

一、实验目的

1. 掌握三相异步电机的空载、堵转和负载试验的方法。
2. 用直接负载法测取三相鼠笼异步电动机的工作特性。
3. 测定三相笼型异步电动机的参数。

二、实验内容

1. 测量定子绕组的冷态电阻。
2. 判定定子绕组的首末端。
3. 空载实验。
4. 短路实验。
5. 负载实验。

三、实验设备及仪器

1. 直流稳压电源（10 V）　　　　　　　　　1 台
2. 红外线转速表　　　　　　　　　　　　　1 只
3. 交流功率、功率因数表　　　　　　　　　2 只
4. 直流电压表（75 V、125 V、500 V）　　　1 只
5. 直流安培表（5 A）　　　　　　　　　　 3 只
6. 直流安培表（0.5 A）　　　　　　　　　 1 只
7. 可调电阻 10 Ω　　　　　　　　　　　　 1 只
8. 三相调压器（15 kVA）　　　　　　　　　1 台
9. 温度计　　　　　　　　　　　　　　　　1 只
10. 开关板　　　　　　　　　　　　　　　 1 个
11. 三相鼠笼式异步电动机—直流发电机机组　1 套

额定功率 1.5 kW，额定电流 3.7 A，额定转速 1 420 r/min，额定电压 380 V，接法 Y，稳定频率 50 Hz，型号 Y90L-4，2 对极。

四、实验预习

1. 异步电动机的工作特性包括哪些内容？
2. 异步电动机的等效电路有哪些参数？它们的物理意义是什么？
3. 异步电动机的工作特性和参数测量方法是什么？

五、实验说明

1. 测量三相异步电动机的电功率可以采用"二表法"。测量过程中功率表读数可能会有正负，使用时要注意功率表连接极性"*"。
2. 直流发电机以及将三相异步电动机作为负载时，要注意是否规定了电动机的转向。
3. 本实验每相电压取三相相电压的平均值，实验时要注意三相异步电动机定子绕组接法（Y形接法）。
4. 进行堵转实验时，定子绕组所加电压不能过高，实验速度要快，以避免电动机绕组过热。另外，应确保制动工具安全可靠。

六、实验方法及操作步骤

（一）测量定子绕组的冷态直流电阻

1. 测量准备。

将电机在室内放置一段时间，用温度计测量电机绕组端部或铁心的温度。当所测温度与冷态介质温度之差不超过 2 K 时，即为实际冷态。记录此时的温度并测量定子绕组的直流电阻，此阻值即为冷态直流电阻。

2. 伏安法接线。

测量三相交流绕组电阻的实验线路如图 1-23 所示。图中 S_1 和 S_2 分别为双刀双掷开关和单刀双掷开关，可调电表 R 的最大值为 10 Ω，A、V 分别为直流毫安表和直流电压表。

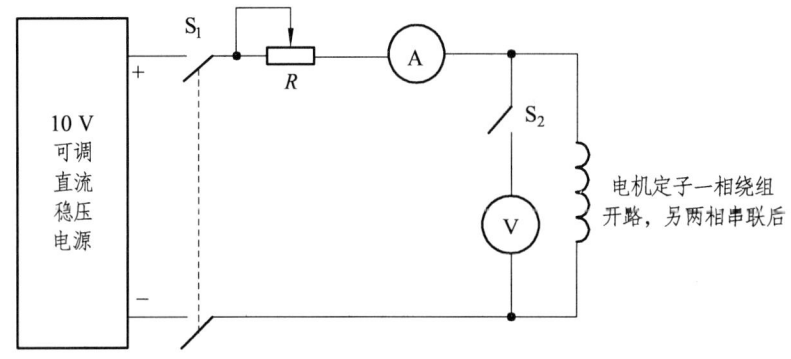

图 1-23 测量三相交流绕组电阻的实验线路

3. 量程的选择。

测量时，通过直流毫安表的电流约为电机额定电流的 10%（约 370 mA），因而毫安表的量程选择 500 mA 挡。三相笼型异步电动机定子一相绕组的电阻约为 8 Ω，当流过的电流为 370 mA 时三端电压约为 3 V，所以直流电压表量程选择 7.5 V 挡。

4. 测量步骤。

实验开始前，合上开关 S_1，断开开关 S_2，调节电阻 R 至最大（10 Ω）。

合上 10 V 直流可调电源的船形开关，调节直流可调电源及可调电阻 R，使试验电机电流不超过电机额定电流的 10%，以防止因实验电流过大而引起绕组的温度上升，读取电流值，再接通开关 S_2 读取电压值。读完后，先打开开关 S_2，再打开开关 S_1。

U 相开路，V、W 相串入 1-21 实验图中，调节直流可调电源及可调电阻 R，使直流毫安表 A 示数分别为 100 mA、150 mA、200 mA 测取 3 次，取其平均值。同理测量定子 W、U 相与 U、V 相绕组的电阻值，记录于表 1-25 中。

表 1-25 定子绕组的冷态直流电阻测量实验数据

室温：_____ °C

	绕组 V、W			绕组 W、U			绕组 U、V		
I/mA									
U/V									
R/Ω									

注意事项：

（1）在测量时，电动机的转子须静止不动。

（2）测量通电时间不应超过 1 min。

（3）$R_{相} = \overline{R}/2$。

（二）判定定子绕组的首末端

先用万用表测出各相绕组的两个线端，将其中的任意二相绕组串联，如图 1-24 所示。

将调压器调压旋钮退至零位，合上绿色"闭合"按钮开关，接通交流电源，调节交流电源，在绕组端施以单相低电压 U = 80～100 V，注意电流不应超过额定值，测出第三相绕组的电压，如测得的电压有一定读数（U ≠ 0），表示两相绕组的末端与首端相连，如图 1-24（a）所示；反之，如测得电压近似为 0（U = 0），则两相绕组的末端与末端（或首端与首端）相连，如图 1-24（b）所示。用同样方法测出第三相绕组的首末端。

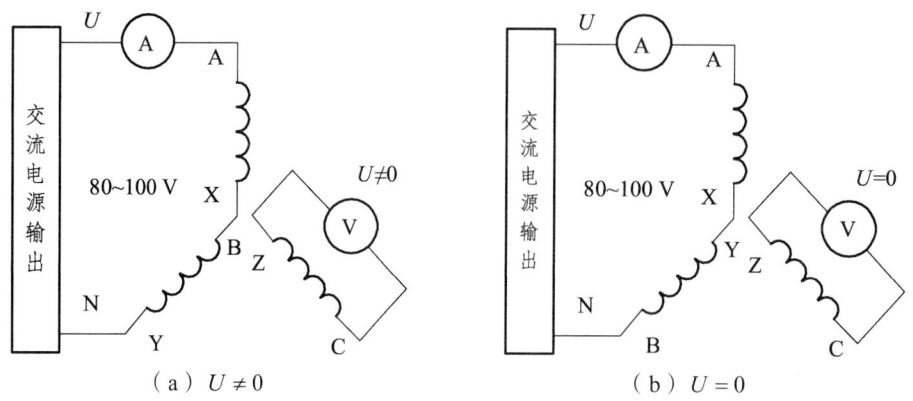

(a) $U \neq 0$ (b) $U = 0$

图 1-24 三相交流绕组首末端的测定

（三）空载实验

三相异步电机空载实验接线图如图 1-25 所示。电机绕组为 Y 接法（$U_N = 380 \text{ V}$），直流发电机空载。

1. 启动电压前，把自耦调压器 RT 调节旋钮退至零位，然后接通电源，此时电机电压为 0 V，逐渐升高电压，使电机启动旋转，观察电机旋转方向。并使电机旋转方向符合要求。

2. 保持电动机在额定电压下空载运行数分钟，使机械损耗达到稳定后再进行实验。

3. 调节自耦调压器使电压端压从 1.2 倍额定电压开始逐渐降低电压，直至 0.3 倍额定电压。在这范围内读取空载电压、空载电流、空载功率。

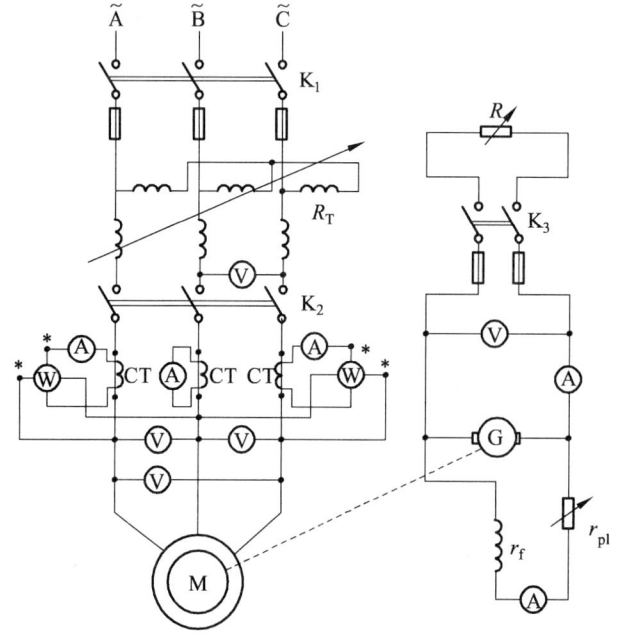

图 1-25 三相笼型异步电机实验接线图

（4）在测取空载实验数据时，额定电压下实验数据必须测量6组数据，并记录于表1-26中。

表1-26 三相鼠笼异步电机空载实验数据

序号	U_{OC}/V				I_{OL}/A				P_O/W			$\cos\varphi$
	U_{AB}	U_{BC}	U_{CA}	U_{OL}	I_A	I_B	I_C	I_{OL}	P_I	P_{II}	P_O	
1												
2												
3												
4												
5												
6												

（四）短路实验

三相异步电机短路实验线路如图1-25所示。为完成短路实验，需进行如下操作：

1. 将堵转销子插入堵转孔中，使定转子堵住。将三相调压器退至零位。

2. 合上交流电源，调节自耦调压器使之逐渐升压至短路电流达到1.2倍额定电流（I_N = 3.7 A），开始逐渐降压至0.3倍额定电流为止。

3. 在上述第二步实验调节范围内读取短路电压、短路电流、短路功率，共取7组数据，填入表1-27中。做完实验后，注意取出堵转孔中的堵转销子。

表1-27 三相鼠笼异步电机堵转实验数据

序号	U_{OC}/V				I_{OL}/A				P_O/W			$\cos\varphi_K$
	U_{AB}	U_{BC}	U_{CA}	U_K	I_A	I_B	I_C	I_K	P_I	P_{II}	P_K	
1												
2												
3												
4												
5												
6												
7												

（五）负载实验

三相异步电机负载实验线路如图1-25所示。为完成负载实验，需进行如下操作：

1. 先将自耦调压器调至 0 位,合上交流电源开关 K_1 与 K_2,调节调压器使之逐渐升压至额定电压($U_N = 380\ V$),并在试验中保持此额定电压不变。

2. 闭合开关 K_3,给直流发电机加负载,调节 R 大小,使异步电动机的定子电流逐渐上升,直至电流上升到 1.25 倍额定电流($I_N = 3.7\ A$)。

3. 从 1.2 倍额定电流负载开始,逐渐减小负载直至空载,在这范围内读取异步电动机的定子电流、输入功率、转速数据,共读取 6 组数据,记录于表 1-28 中。

表 1-28 三相鼠笼异步电机负载实验数据

$U_N = 380\ V$(Y 接)

序号	I_{OL}/A				P_O/W			$n/$(r/min)	P_2/W
	I_A	I_B	I_C	I_1	P_I	P_{II}	P_1		
1									
2									
3									
4									
5									
6									

七、实验报告与要求

1. 计算基准工作温度时的相电阻。

实验中直接测得的每相电阻值即为实际冷态电阻值,换算到工作环境温度时的定子绕组相电阻的计算公式如下:

$$r_{1lef} = r_{1c} \frac{235 + \theta_{ref}}{235 + \theta_C} \quad (1\text{-}30)$$

式中 r_{1lef} ——换算到基准工作温度时定子绕组的相电阻,Ω;

r_{1c}——定子绕组的实际冷态相电阻,Ω;

θ_{ref}——基准工作温度,对于 E 级绝缘为 75 ℃;

θ_C——实际冷态时定子绕组的温度,℃。

2. 绘制三相异步电机的空载特性曲线:I_0、P_0、$\cos\varphi_0 = f(U_0)$(与空载电压 U_0 关系曲线)。

3. 绘制三相异步电机的短路特性曲线:I_K、$P_K = f(U_K)$(与短路电压 U_K 关系曲线)。

4. 由空载、短路试验的数据求异步电机等效电路的参数。

(1) 由短路试验数据求短路参数:
短路阻抗

$$Z_K = \frac{U_K}{I_K} \tag{1-31}$$

短路电阻

$$r_K = \frac{P_K}{3I_K^2} \tag{1-32}$$

短路电抗

$$X_K = \sqrt{Z_K^2 - r_K^2} \tag{1-33}$$

式中 U_K、I_K、P_K——由短路特性曲线上查得,分别为 I_K 为额定电流时的相电压、相电流、三相短路功率。

转子电阻的折合值

$$r_2' \approx r_K - r_1 \tag{1-34}$$

定、转子漏抗

$$X_{1\sigma}' \approx X_{2\sigma}' \approx \frac{X_K}{2}$$

(2) 由空载试验数据求激磁回路参数:
空载阻抗

$$Z_0 = \frac{U_0}{I_0} \tag{1-35}$$

空载电阻

$$r_0 = \frac{P_0}{3I_0^2} \tag{1-36}$$

空载电抗

$$X_0 = \sqrt{Z_0^2 - r_0^2} \tag{1-37}$$

式中,U_0、I_0、P_0 与 U_0 为额定电压时的相电压、相电流、三相空载功率相对应。

激磁电抗

$$X_m = X_0 - X_{1\sigma} \tag{1-38}$$

激磁电阻

$$r_m = \frac{p_{Fe}}{3I_0^2} \quad (1\text{-}39)$$

式中，P_{Fe} 为额定电压时的铁耗，由图 1-26 确定。

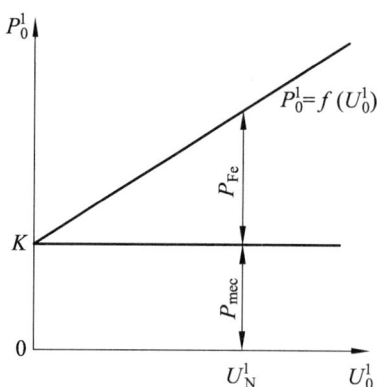

图 1-26　电机中的铁耗和机械损耗

5. 绘制工作特性曲线 P_1、I_1、n、η、s、$\cos\varphi_1 = f(P_2)$（与输出功率 P_2 关系曲线）。由负载实验数据计算工作特性，填入表 1-29 中。

表 1-29　三相鼠笼异步电机负载实验数据

$U_1 = 380$ V（Y 接），$I_f = $ ____ A

序号	电动机输入测量值		电动机输出计算值					
	I_1/A	P_1/W	T_2/(N·m)	n/(r/min)	P_2/W	s/(%)	η/(%)	$\cos\varphi_1$
1								
2								
3								
4								
5								
6								

（1）计算公式：

$$I_1 = \frac{I_A + I_B + I_C}{3\sqrt{3}} \quad (1\text{-}40)$$

$$s = \frac{1\,500 - n}{1\,500} \times 100\% \tag{1-41}$$

$$P_2 = 0.105nT_2 \tag{1-42}$$

$$\eta = \frac{P_2}{P_1} \times 100\% \tag{1-43}$$

式中 I_1——定子绕组相电流，A；

U_1——定子绕组相电压，V；

s——转差率；

η——效率。

（2）异步电动机输出功率求法：损耗分析法。

电动机的损耗有：

铁耗：P_{Fe}。

机械损耗：P_{mec}。

定子铜耗：

$$P_{Cu1} = 3I_1^2 r_1 \tag{1-44}$$

转子铜耗：

$$P_{Cu2} = sP_{em} \tag{1-45}$$

式中，P_{em} 为电磁功率，单位：W。P_{em} 的计算式为：

$$P_{em} = P_1 - P_{Cu1} - P_{Fe} \tag{1-46}$$

此外，定、转子开槽和定、转子磁动势含有的谐波等因素也会引起损耗，称为附加损耗，也称为杂散损耗。

杂散损耗 P_{ad} 取值为额定负载时输入功率的 0.5%。

铁耗和机械损耗之和为：

$$P_0' = P_{Fe} + P_{mec} = P_0 - 3I_0^2 r_1 \tag{1-47}$$

为了分离铁耗和机械损耗，作曲线 $P_0' = f(U_0^2)$，如图 1-26 所示。

延长曲线的直线部分与纵轴相交于 P 点，P 点的纵坐标即为电动机的机械损耗 P_{mec}，过 P 点作平行于横轴的直线，可得不同电压的铁耗 P_{Fe}。

电机的总损耗：

$$\sum P = P_{Fe} + P_{Cu1} + P_{Cu2} + P_{ad} \tag{1-48}$$

于是求得额定负载时的效率为：

$$\eta = \frac{P_1 - \sum P}{P_1} \times 100\% \tag{1-49}$$

式中，P_1、s、I_1 由工作特性曲线上对应于 P_2 为额定功率 P_N 时查得。

八、实验思考

由空载、短路实验数据求取异步电机的等效电路参数时，有哪些因素会引起误差？

实验 12　三相鼠笼异步电动机的启动实验

一、实验目的

通过实验掌握异步电动机的启动和调速的方法。

二、实验内容

1. 异步电动机的直接启动。
2. 异步电动机星形-三角形（Y-△）换接启动。
3. 自耦变压器启动。
4. 绕线式异步电动机转子绕组串入可变电阻器启动。
5. 绕线式异步电动机转子绕组串入可变电阻器调速。

三、实验设备及仪表

1. 三相鼠笼异步电动机　　　　　　　　　　　　　1 台
2. 三相绕线转子异步电动机　　　　　　　　　　　1 台
3. 自耦变压器　　　　　　　　　　　　　　　　　1 台
4. 可调电阻器　　　　　　　　　　　　　　　　　3 台
5. 他励直流发电机组-异步电动机组　　　　　　　 1 套
6. 交直流电流表　　　　　　　　　　　　　　　　4 台
7. 交直流电压表　　　　　　　　　　　　　　　　2 台
8. 转速测试表　　　　　　　　　　　　　　　　　1 块

四、实验预习

1. 复习异步电动机有哪些启动方法和启动技术指标。
2. 复习异步电动机的调速方法。
3. 理解三相异步电动机启动和调速的实验线路。
4. 了解三相绕线转子异步电动机启动和调速的设备。

五、实验说明

1. 在供电变压器容量较大、电动机容量较小的前提下，三相异步电动机可以直接启动。一般情况下，7.5 kW 以下的小容量电动机均可以直接启动。
2. 实验电源低于额定电压时，应经调压器供电。
3. 星形-三角形连接启动应选用运行时定子绕组为三角形连接的异步电动机。
4. 三相异步电动机使用自耦变压器启动时可以分若干级进行启动。
5. 三相异步电动机的启动应在空载或轻载状态下进行，调速在负载状态下进行。
6. 三相绕线转子异步电动机启动与调速时转子绕组均串入三相可调电阻器。

六、实验方法及操作步骤

（一）三相笼型异步电动机直接启动实验

按如图 1-27 所示接线图接线，电机绕组为 △ 接法。

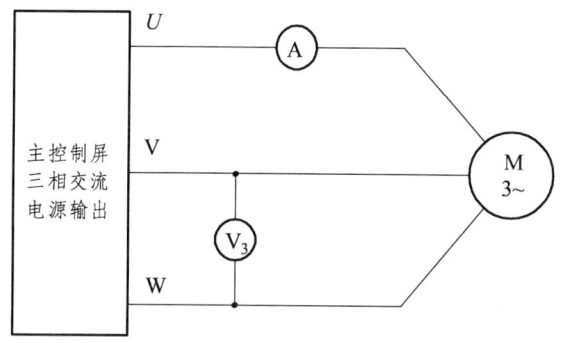

图 1-27　异步电机直接启动实验接线图

仪表的选择：

交流电压表为数字式或指针式均可，交流电流表则为指针式。

实验步骤：

1. 把三相交流电源调节旋钮逆时针调到底，合上绿色"闭合"按钮开关。调节调压器，使输出电压达电机额定电压 220 V，使电机启动旋转。（电机启动后，观察电机转向，如出现电机转向不符合要求，则须切断电源，调整次序，重新启动电机。）

2. 断开三相交流电源，待电动机完全停止旋转后，接通三相交流电源，使电机全压启动，观察电机启动瞬间电流值。将实验数据填入表 1-30 中。

注：按指针式电流表偏转的最大位置所对应的读数值计量。电流表受启动电流冲击，电流表显示的最大值虽不能完全代表启动电流的读数，但用它可和下面几种启动方法的启动电流作定性比较。

3. 断开三相交流电源，将调压器退到零位。用堵转销子插入堵转孔中，将转子堵住。

表 1-30　三相笼型异步电动机直接启动实验数据

U	△直接（220 V）	Y 直接（220 V）	自耦降压启动（110 V，△接）
I_{st}/A			

（二）星形-三角形（Y-△）启动

按如图 1-28 所示实验线路图接线，电压表、电流表的选择同前。

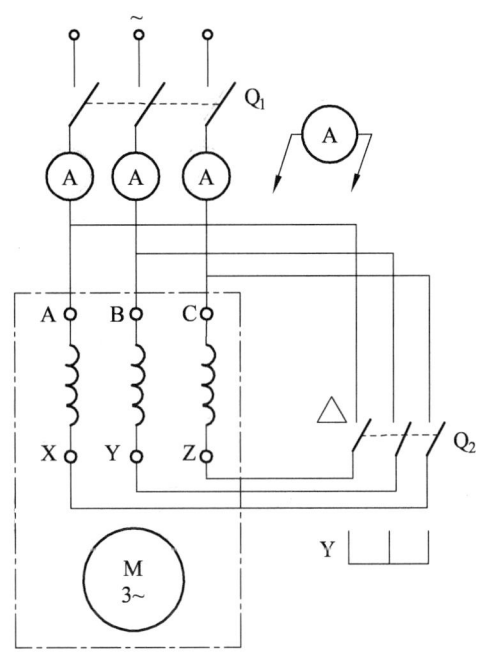

图 1-28　笼型异步电动机定子绕组星形-三角形连接启动的实验线路图

1. 启动前，把三相调压器退到零位，三刀双掷开关 Q_2 合向下边（Y）接法。合上电源开关 Q_1，逐渐调节调压器，使输出电压升高至电机额定电压 U_N = 220 V，断开电源开关 Q_1，待电机停转。

2. 待电机完全停转后（Y 接），合上电源开关 Q_1，观察 Y 接下启动瞬间的电流，断开电源开关，待电机停转，填入表 1-30 第 2 列中。

3. 把 Q_2 合向上边（△接），保持电压为 220 V，闭合 Q_1，观察启动瞬间电流表电流，填入表 1-30 第 1 列中。

（三）自耦变压器降压启动

按如图 1-29 所示实验线路接线。电机绕组为△接法。

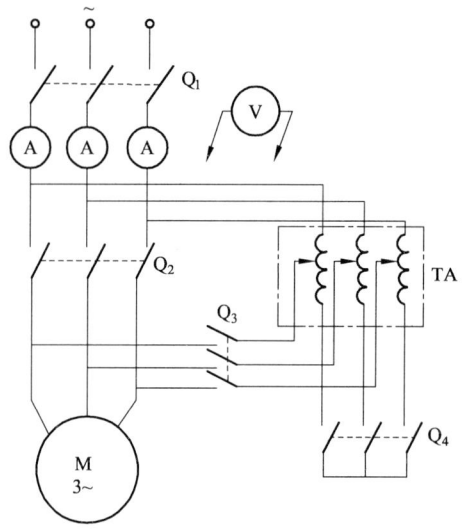

图 1-29 异步电动机自耦变压器启动的实验线路图

1. 先把调压器退到零位,合上电源开关 Q_1,调节调压器旋钮,使输出电压达 110 V,断开电源开关,待电机停转。

2. 待电机完全停转后,再合上电源开关,使电机接自耦变压器,降压启动,观察电流表的瞬间读数值,填入表 1-30 第 3 列中,经一定时间后,调节调压器使输出电压达到电机额定电压 $U_N = 220$ V,整个启动过程结束。

(四)绕线式异步电动机转子绕组串入可变电阻器启动

实验线路如图 1-28 所示,电机定子绕组 Y 形接法。转子串入的电阻由滑动变阻来调节,调节的绕线电机转子启动电阻(分 1、2、3、4 共 4 挡)。

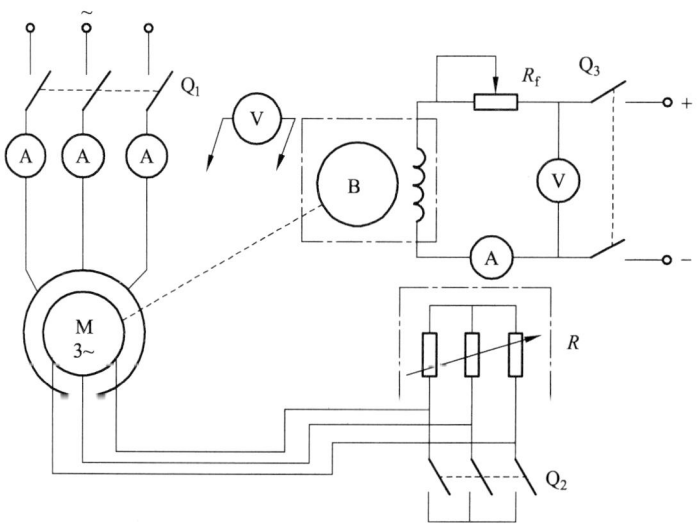

图 1-30 绕线转子异步电动机转子绕组串入可调电阻器启动与调速的实验线路

1. 启动电源前，把调压器退至零位，启动电阻调节为零。
2. 合上交流电源，调节交流电源使电机启动。注意电机转向是否符合要求。
3. 在定子电压为 380 V 时，保持 R 三相阻值对称，即一样大，调节启动电阻，分别读出启动电阻为 1 Ω、2 Ω、3 Ω、4 Ω 的启动电流 I_{st}，填入表 1-31 中。

注意：实验时通电时间不应超过 20 s，以免绕组过热。

表 1-31　绕线转子异步电动机转子绕组串入可调电阻器启动实验数据

$U = 380$ V

R_{st}/Ω	1	2	3	4
I_{st}/A				

（五）绕线式异步电动机转子绕组串入可变电阻器调速

实验线路如图 1-30 所示，异步电机定子 Y 接。

1. 合上电源开关 Q_1，调节调压器输出电压至 $U_N = 380$ V，使电机空载启动。
2. 调节"转矩设定"电位器 R_f 调节旋钮，使电动机输出功率接近额定功率并保持输出转矩 T_2 不变，改变转子附加电阻 R，分别测出对应的转速，记录于表 1-32 中。

表 1-32　绕线转子异步电动机转子绕组串入可调电阻器调速实验数据

$U = 380$ V，$T_2 =$ ____ N·m

R_{st}/Ω	1	2	3	4
$n/$（r/min）				

七、实验报告与要求

1. 比较异步电动机不同启动方法的优缺点。
2. 由启动实验数据求下述 3 种情况下的启动电流和启动转矩：
（1）外施额定电压 U_N（直接法启动）。
（2）外施电压为 $U_N/\sqrt{3}$（Y-△启动）。
（3）外施电压为 U_K/K_A，其中，K_A 为启动用自耦变压器的变比（自耦变压器启动）。
3. 绕线式异步电动机转子绕组串入电阻对启动电流和启动转矩的影响。
4. 绕线式异步电动机转子绕组串入电阻对电机转速的影响。

八、实验思考

启动电流和外施电压成正比，启动转矩和外施电压的平方成正比，在什么情况下才能成立？

实验 13 三相同步发电机的运行特性实验

一、实验目的

1. 用实验方法测取同步发电机在对称负载下的运行特性。
2. 由实验数据计算同步发电机在对称运行时的稳态参数。

二、实验内容

1. 测定电枢绕组在室温下的电阻。
2. 空载实验。
3. 三相短路实验。
4. 纯电感负载实验。
5. 绘制外特性曲线。
6. 绘制调整特性曲线。

三、实验设备及仪表

1. 直流电动机-交流同步发电机机组	1 套
2. 交直流电流表	5 块
3. 交直电压表	2 块
4. 三相调压器	2 台
5. 负载灯箱	1 个
6. 转速测试表	1 个
7. 可调电位器	3 台
8. 电抗器	1 台

四、实验预习

1. 同步发电机在对称负载下运行有哪些基本特性？这些基本特性曲线大致形状如何？它们各在什么条件下测得？
2. 怎样用实验数据和特性曲线计算对称运行时的稳态参数？

五、实验说明

1. 直流电动机应由启动器启动或降低电枢电压启动。
2. 检查直流电动机转向。
3. 电动机励磁回路一定要接牢。
4. 调节电机转速时要慢调。
5. 空载时,同步发电机励磁回路电流要增加到一定程度,才有明显电压。
6. 加负载时,三相要对称时才读数。
7. 负载时:从空载 380 V 时加负载,做下降的外特性,以免损坏负载灯泡。

六、实验方法及操作步骤

每一电机实验机组配置情况可能不同,实验时应根据具体机组情况决定实验中仪表和设备的量程及其接线方式。下面介绍本实验机组数据情况,以供参考。

本实验机组,实验用的同步发电机,以并励直流电动机作为原动机,同步发电机自身带有直流励磁发电机,其额定数据包括:

交流同步发电机:$S_N = 3$ kVA,$m_1 = 3$,$U_N = 380$ V($\triangle$),$I_N = 6.7$ A,$n_N = 1\,500$ r/min,$f = 50$ Hz,$\cos\varphi_N = 0.9$,$I_{fN} = 6.8$ A,E 级绝缘,连续运行。

直流励磁发电机:$P_N = 0.3$ kW,$n_N = 2\,100$ r/min,$U_N = 43$ V,$I_N = 6.98$ A,E 级绝缘,连续运行。

并励直流发电机:$P_N = 5.5$ W,$U_N = 220$ V,$I_N = 30.9$ A,$n_N = 1\,500$ r/min,$I_{fN} = 0.84$ A,$U_{fN} = 220$ V,E 级绝缘,连续运行。

(一)测定电枢绕组在室温下的直流电阻

本实验用伏安法。电机绕组在室温下的直流电阻的测量和计算方法参考实验 11 图 1-23 冷态直流电阻测量方法,将一相定子绕组开路,测量另两相绕组的串联总电阻。

(二)空载实验

空载实验线路图如图 1-31 所示。

同步发电机的负载开关 S_1、S_2 处于断开位置(若无两只开关可用一只并车开关代替,根据各自实验的内容接线),调节可变电阻器 R_1、r_f 使阻值为最大,调节可变电阻器 r_{fl} 使阻值为最小,合上直流电源开关 KM_2,启动直流电动机 M,使同步发电机的转速达到额定转速 $1\,500$ r/min,并保持不变;调节 r_f 和 R_1 的阻值,逐渐单调增加同步发电机的励磁电流,直至发电机的端电压达到 $1.1U_N$ 为止,测取此时的三相电压及励磁电流;然后逐渐单调减小励磁电流 I_f 直至等于 0 为止。在这个过程中,测取励磁电流 I_f 和相应的空载电压 U_0 共 6 组数据,记录于表 1-33 中,便可得空载特性曲线的下降分支。在测取实验数据时,应在额定电压附近多测几点,而且 $U_0 = U_N$ 和 $I_f = 0$ 两点为必测点。

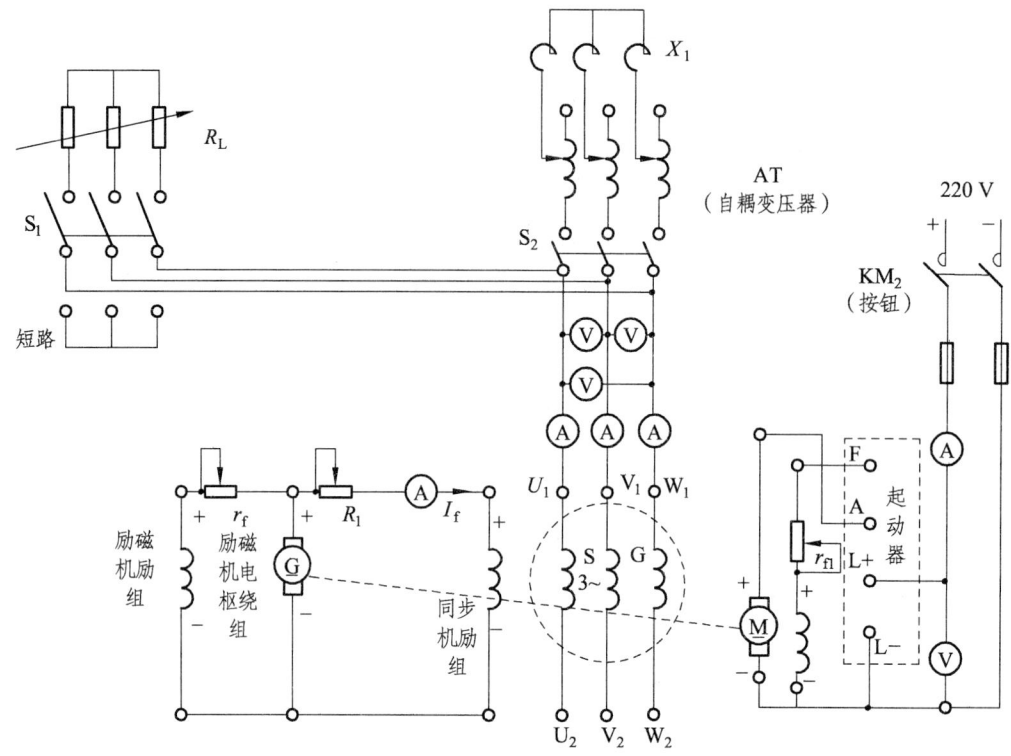

图 1-31 同步发电机空载、短路、负载实验接线图

表 1-33 同步发电机空载实验数据

$I = 0$，$n = n_N = 1\ 500\ \text{r/min}$

序号	空载电压					励磁电流	
	U_{uv}/V	U_{vw}/V	U_{uw}/V	U_0/V	U_0^*	I_f/A	I_f^*
1							
2							
3							
4							
5							
6							

表中，$U_0 = (U_{uv} + U_{vw} + U_{uw})/3$；$U_0^* = U_0/U_N$；$I_f^* = I_f/I_{f0}$。式中，$U_N$ 为同步发电机的额定电压，V；I_{f0} 为空载额定电压时的励磁电流，A。

（三）短路实验

短路实验接线图如图 1-31 所示。

调节 R_1、r_f 使阻值为最大，将开关 S_1 合向短路侧，使发电机电枢三相绕组短路，调节电机转速保持不变，逐渐增加同步发电机的励磁电流 I_f，使同步发电机短路电流 I_k 达到 $1.2I_N$，然后逐渐减小励磁电流 I_f 直至等于 0，在这个过程中，测取同步发电机的励磁电流和电枢绕组三相短路电流，共测取 5 组数据，记录于表 1-34 中。

表 1-34 同步发电机短路实验数据

$U = 0$，$n = n_N = 1\,500\text{ r/min}$

序号	短路电流					励磁电流	
	I_u/A	I_v/A	I_w/A	I_K/A	I_K^*	I_f/A	I_f^*
1							
2							
3							
4							
5							

表中，$I_K = (I_u + I_v + I_w)/3$；$I_K^* = I_K/I_N$；$I_f^* = I_f/I_{f0}$。

（四）纯电感负载实验

纯电感负载实验接线图如 1-31 所示。

调节 R_1、r_f 使阻值为最大，打开开关 S_1，将自耦变压器 AT 转盘置于输出电压达到最小值位置，合上开关 S_2，调节同步发电机转速达到额定转速，并保持不变，同时调节同步发电机的励磁电流和自耦变压器转盘，使同步发电机端电压达到 $1.1U_N$，且电枢电流达到额定值 I_N，在保持电枢电流 $I = I_N$ 的情况下，逐渐减小同步发电机的励磁电流 I_f，使发电机端电压逐渐降低至最小值，在发电机端电压下降过程中测取三相电压及励磁电流，共测取 6 组数据，记录于表 1-35 中。

表 1-35 同步发电机纯电感负载实验数据

$n = n_N = $ ____ r/min, $I = I_N = $ ____ A $\cos\varphi = 0.8$

序号	发电机端电压					励磁电流	
	U_{uv}/V	U_{vw}/V	U_{uw}/V	U/V	U^*	I_f/A	I_f^*
1							
2							
3							
4							
5							
6							

表中，$U = (U_{uv} + U_{vw} + U_{uw})/3$；$U^* = U/U_N$；$I_f^* = I_f/I_{f0}$。

（五）测取同步发电机在纯电阻负载时的外特性

实验接线图与图 1-31 相同。

调节 R_1，使 I_f 减小，将自耦变压器转盘置于使输出电压达到最小值位置，打开开关 S_2，将变阻器 R_L 调到最大值，将开关 S_1 合向负载电阻 R_L 侧；同时调节同步发电机转速 n、励磁电流 I_f 和负载电阻 R_L，使同步发电机转速 n，电枢电流 I 和端电压 U 均达到额定值。然后保持此时发电机的励磁电流以 I_f 和转速 $n = n_N$ 不变，逐渐增大负载电阻 R_L 使电枢电流逐渐减小，直到空载 I 降至 0。在减小电枢电流过程中，测取三相电压和三相电流共 5～6 组数据，记录于表 1-36 中。

注意：空载电压为必测点。

表 1-36 同步发电机纯电阻负载实验数据

$n = n_N =$ ____r/min，$I = I_f =$ ____A，$\cos\varphi = 1$

序号	三相电压				三相电流			
	U_{uv}/V	U_{vw}/V	U_{uw}/V	U/V	I_u/A	I_v/A	I_w/A	I/A
1								
2								
3								
4								
5								
6								

表中，$U = (U_{uv} + U_{vw} + U_{uw})/3$；$I = (I_u + I_v + I_w)/3$。

七、实验报告与要求

1. 根据实验数据绘制同步发电机的空载特性曲线、短路特性曲线、纯电感负载特性曲线、外特性曲线。

2. 由纯电感负载特性曲线和空载特性曲线求取同步电机的定子保梯电抗 X_p。

3. 由空载特性曲线和短路特性曲线求取同步电机的直轴同步电抗 X_d（不饱和值）。

4. 由空载特性曲线和纯电感负载特性曲线求取同步电机的直轴同步电抗 X_d（饱和值）。

5. 求取同步电机的短路比。

6. 由外特性实验数据求取电压调整率 $\Delta U\%$。

八、实验思考

由空载特性曲线和特性三角形作图法求得的零功率因数的负载特性与实测零功率因数负载特性有何差别？为何引起这些差别？

实验 14　三相同步发电机的并联运行实验

一、实验目的

1. 掌握三相同步发电机投入电网并联运行的条件和操作方法。
2. 掌握三相同步发电机与电网并联运行时有功功率和无功功率的调节。

二、实验内容

1. 用准确同步法将三相同步发电机投入电网并联运行。
2. 用自同步法将三相同步发电机投入电网并联运行。
3. 三相同步发电机与电网并联运行时有功功率的调节。
4. 三相同步发电机与电网并联运行时无功功率的调节。
（1）测取当输出功率等于 0 时三相同步发电机的 V 形曲线。
（2）测取当输出功率等于 0.5 倍额定功率时三相同步发电机的 V 形曲线。

三、实验设备及仪表

1. 三相同步发电机	1 台
2. 直流电动机	1 台
3. 交直流电压表	4 台
4. 交直流电流表	5 台
5. 功率因素表	1 台
6. 可调电阻器	3 台
7. 电阻器	1 台
8. 三相同步指示灯	1 组
9. 转速测试表	1 台

四、实验预习

1. 三相同步发电机投入电网并联运行时，必须满足哪些条件？如何满足这些条件？不满足这些条件将产生什么后果？
2. 三相同步发电机投入电网并联运行时，如何调节有功功率和无功功率？并说明其物理过程。

五、实验说明

1. 三相同步发电机与电网并联运行应满足的条件：发电机输出电压的幅值和相位与电网相同；发电机电压的频率与电网相同。除相序条件必须满足外，实验中应调节发电机电压和频率与电网尽可能接近时再投入并联运行。

2. 用作三相同步指示灯的额定电压应按 2 倍发电机额定电压选取。

3. 进行无功功率调节的操作过程中，发电机励磁电流不可欠励太多，以防止发电机失步。

六、实验方法及操作步骤

准同步法同步发电机与电网并联实验接线图如图 1-32 所示。

（一）用准同步法将三相同步发电机投入电网并联运行

三相同步发电机与电网并联运行时必须满足的条件如下：

（1）发电机输出电压与电网电压幅值和相位相同，即 $E_{0\text{Ⅱ}} = U_1$；

（2）发电机的频率与电网频率相同，即 $f_\text{Ⅱ} = f_1$；

（3）发电机与电网的相序相同。

本实验采用灯光旋转法接线，即指示灯按如图 1-32 所示接线图接线。图中电压表量程与指示灯（两只串联指示灯）耐压值应按 2 倍电网额定电压选择，电压表分别测量发电机电压和电网电压时，则电压表的量程只按电网额定电压选择。

合上开关 KM_2，启动原动机（并励直流电动机），使同步发电机的转速接近额定值；调节同步发电机的励磁电流，使同步发电机的端电压等于电网电压；按灯光旋转法接线时，若三相相灯依次明灭形成旋转灯光，则表示发电机与电网的相序相同。如发现三相的相灯同时发亮，同时熄灭，这说明发电机与电网的相序不一致，应将开关 KM_1 打开，然后将发电机（或电网）任意两相互换，使相序一致；当发电机转速接近同步转速，发电机端电压与电网电压相等或接近，各相灯光依次明灭而旋转的速度达到最慢，待直接相连的一相（即 A 相）灯光熄灭时，立即合上 S_1，把同步发电机投入电网并联运行。

（二）三相同步发电机与电网并联运行时有功功率的调节

实验接线如图 1-32 所示。

在同步发电机并入电网后，同时调节同步发电机的励磁电流和直流电动机的励磁电流，使同步发电机电枢电流接近 0，这时相应的同步发电机的励磁电流 $I_\text{f} = I_{\text{f}0}$。保持 $I_\text{f} = I_{\text{f}0}$ 不变，调节直流电动机的励磁电流，使同步发电机的输出功率 P_2 增加，在同步发电机的电枢电流从接近于 0 增大到额定电流范围内，测取发电机的三相电流、三相功率和功率因数共 6 组数据，记录于表 1-37 中。

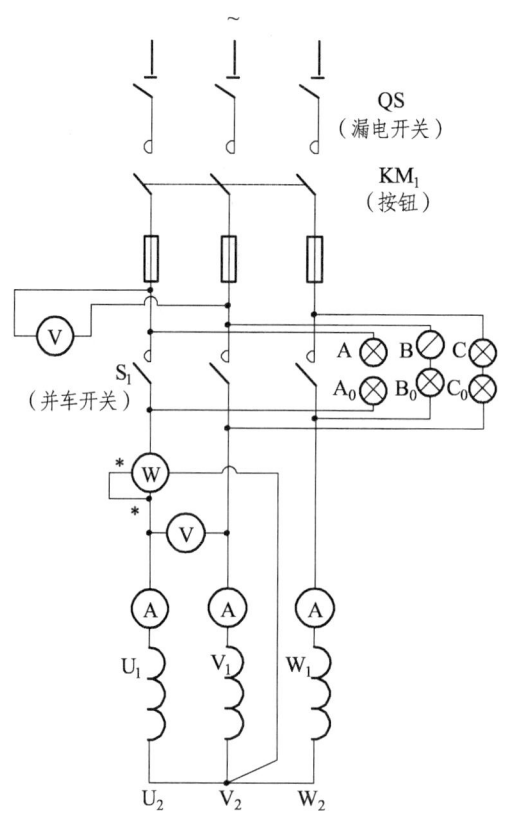

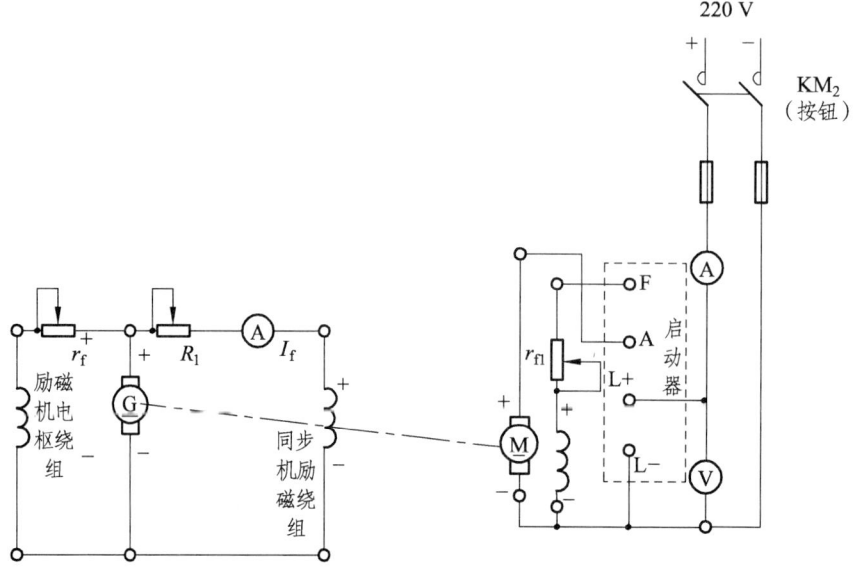

图 1-32 准同步法同步发电机与电网并联实验接线图

表 1-37 三相同步发电机与电网并联运行时有功功率的调节实验数据

$n = n_N = $ ____r/min, $U = U_N = $ ____V, $I_{f0} = $ ____A

序号	输出电流				输出功率		功率因数
	I_u/A	I_v/A	I_w/A	I/A	P_1/W	P_2/W	$\cos\varphi$
1							
2							
3							
4							
5							
6							

表中，$I = (I_u + I_v + I_w)/3$；$P_2 = 3P_1$。

（三）三相同步发电机与电网并联运行时无功功率的调节

1. 测取当输出功率等于零（$P_2 \approx 0$）时三相同步发电机 V 形曲线。

实验接线如图 1-32 所示。

在同步发电机并入电网后，调节直流电动机的励磁电流，使同步发电机的输出功率 $P_2 \approx 0$。

在保持 $P_2 = 0$ 条件下，增加同步发电机的励磁电流 I_f，使同步发电机的电枢电流增加到 6.7 A，记录此点的励磁电流、电枢电流，然后减少同步发电机的励磁电流 I_f，使发电机的电枢电流减小到最小值，并记录此点数据，继续减小发电机的励磁电流，则电枢电流又将增大，直到接近额定值，在这个过励和欠励的范围内测取 6 组数据，记录于表 1-38 中。

注意：在实验的过程中，电流应单方向调节。

表 1-38 三相同步发电机无功功率的调节（$P_2 \approx 0$）实验数据

$n = n_N = $ ____r/min, $U = U_N = $ ____V, $P_2 \approx 0$, $P_1 \approx $ ____W

序号	三相电流				励磁功率
	I_u/A	I_v/A	I_w/A	I/A	I_f/A
1					
2					
3					
4					
5					
6					

表中，$I = (I_u + I_v + I_w)/3$。

2. 测取当输出功率等于 $0.5P_N$ 时三相同步发电机的 V 形曲线。

调节直流电动机的励磁电流，使同步发电机的输出功率 P_2 为 $0.5P_N$。P_2 保持 $0.5P_N$ 条件下，增加同步发电机的励磁电流，使同步发电机电枢电流增加至接近额定值，记录此点的励磁电流、电枢电流和功率因数；然后减小发电机的励磁电流，使发电机的电枢电流减小到最小值，并记录此点数据；继续减小同步发电机的励磁电流，则电枢电流又将增大，直至接近额定值，但不可欠励过多，以防同步发电机失步，若出现失步，应立即增加发电机励磁电流，以便牵入同步，同时注意电枢电流不应超过额定值。在这个过励和欠励的范围内测取 6 组数据，记录于表 1-39 中。

注意：在实验的过程中，电流应单方向调节。

表 1-39　三相同步发电机无功功率的调节（$P_2 \approx 0.5P_N$）实验数据

$n = n_N =$ ____ r/min，$U = U_N =$ ____ V，$P_1 \approx 0.17P_N$，$P_2 \approx 0.5P_N$

序号	三相电流				励磁电流	功率因数
	I_u/A	I_v/A	I_w/A	I/A	I_f/A	$\cos\varphi$
1						
2						
3						
4						
5						
6						

表中，$I = (I_u + I_v + I_w)/3$；$P_2 = 3P_1$。

七、实验报告与要求

1. 试分析三组同步发电机用准同步法和自同步法投入电网并联运行的优缺点。
2. 试叙述三相同步发电机投入电网时，若不满足投入电网并联运行条件将引起什么后果？
3. 试说明三相同步发电机投入电网并联运行时，有功功率和无功功率的调节方法。
4. 绘出 $P_2 \approx 0$ 和 $P_2 \approx 0.5P_N$ 时同步发电机的 V 形曲线并加以说明。

八、实验思考

试说明用自同步法将三相同步发电机投入电网并联运行时，先把同步发电机的励磁绕组与 10 倍励磁绕组电阻组成闭合回路的作用。附加电阻值太大或太小有什么缺点？

实验 15　三相同步电动机实验

一、实验目的

1. 熟悉三相同步电动机的异步启动方法。
2. 掌握三相同步电动机 V 形曲线及工作特性曲线的测取方法。

二、实验内容

1. 三相同步电动机的异步启动。
2. 绘制三相同步电动机 V 形曲线 $I_1 = f(I_f)$。
3. 绘制三相同步电动机工作特性曲线 I_1、T_2、$\cos\varphi$、$\eta = f(P_2)$。

三、实验设备与仪表

1. 三相调压器　　　　　　　　　　　　　　1 台
2. 功率表　　　　　　　　　　　　　　　　2 块
3. 凸极式三相同步电动机　　　　　　　　　1 台
4. 功率因数表　　　　　　　　　　　　　　1 块
5. 交流电流表　　　　　　　　　　　　　　3 块
6. 交流电压表　　　　　　　　　　　　　　1 块
7. 直流电压表　　　　　　　　　　　　　　2 块
8. 转速表或测速仪　　　　　　　　　　　　1 台
9. 直流电流表　　　　　　　　　　　　　　2 块
10. 可调电阻器　　　　　　　　　　　　　 3 台
11. 涡流测功机　　　　　　　　　　　　　 1 台
12. 电机及电气技术实验装置 （可选）　　　 1 台

四、实验预习

1. 了解三相同步电动机异步启动的原理。
2. 了解三相同步电动机异步启动和测取 V 形曲线的实验线路。
3. 预习三相同步电动机的 V 形特性曲线及测取的条件。
4. 预习三相同步电动机的工作特性及测取的条件。

五、实验说明

1. 三相同步电动机的负载用直流发电机带灯箱作为负载。
2. 三相同步电动机的定子绕组为△连接,测量电动机三相功率可以用"二表法"或"三表法",用一个电压表通过电压转换开关测量电动机三相电压。
3. 启动前应注意电动机转向是否符合规定的方向,同时将电流表、功率表和功率因数表的电流圈短接,以免启动时冲击电流损坏仪表。
4. 启动时电动机转子励磁回路不允许开路,应在转子励磁回路串联一个限流电阻 R,其阻值为转子绕组电阻的 8~10 倍。

六、实验方法与操作步骤

三相同步电动机的实验线路如图 1-33 所示,同步电动机 MS 的转子与直流发电机转子机械连接。

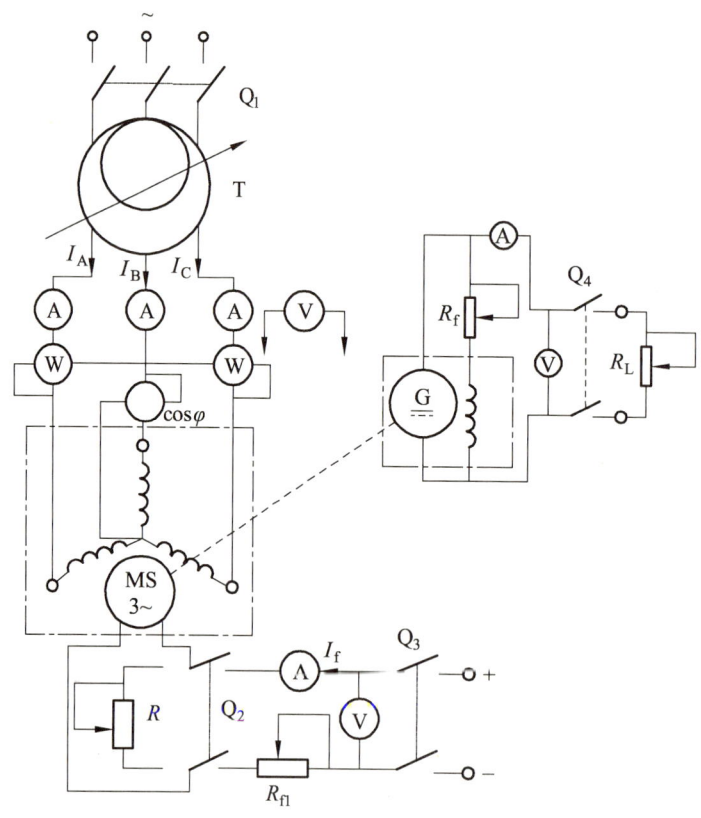

图 1-33 三相同步电动机的实验线路

（一）三相同步发电机的异步启动

1. 断开涡流测功机电源开关 Q_4，将同步电动机转子励磁回路双向开关 Q_2 投向电阻 R 侧位置，使三相同步电动机的转子经串联电阻 R 成为闭合回路，闭合电动机转子励磁电源开关 Q_3。

2. 将调压器 T 输出电压置于零值位置，闭合电源开关 Q_1 启动同步电动机，调节调压器逐步增加电动机端电压直至 $U = U_N$ 为止。

3. 待电动机转速上升至额定转速附近时，迅速将双向开关 Q_2 投向接通转子励磁电流的位置，使电动机牵入同步。同时调节励磁回路电阻 R_{f1}，使电动机电枢电流 I_1 达最小值，完成启动过程。

（二）测取三相同步电动机的 V 形曲线

1. 输出功率 $P_2 \approx 0$ 时的 V 形曲线。

（1）在按上述步骤启动同步电动机后，保持电动机端电压 $U = U_N$、频率 $f = f_N$ 和输出功率 $P_2 \approx 0$（空载）不变。

（2）调节同步电动机励磁回路电阻 R_{f1}，使励磁电流 I_f 增加，此时电动机电枢电流也随之增加，直至电枢电流达到 $I_1 = I_N$ 为止，电动机处于过励状态。

（3）调节同步电动机励磁电流 I_f 使之逐步减小，此时电动机电枢电流 I_1 也随之减小，直至电枢电流 I_1 达到最小值 I_{min}。记录该点的励磁电流 I_f 及电枢电流 I_1 数据，该点是 V 形曲线中的最低点。

（4）继续减小同步电动机的励磁电流 I_f，此时电动机电枢电流反而增加，直至电枢电流 I_1 达到 I_N 为止，电动机处于欠励状态。

（5）在以上三相同步电动机处于过励和欠励的状态过程中，读取励磁电流 I_f、电枢电流 I_1 和输入功率 P_1 的数据，共各读取 5 组，将所读数据记入表 1-40 中。

表 1-40　三相同步电动机 $P_2 \approx 0$ 时的 V 形曲线实验数据

$U = U_N$，$n =$ ____r/min

序号	I/A				I_f/A	P_1/W		
	I_A	I_B	I_C	I_1	I_f	P_I	P_{II}	P_1
1								
2								
3								
4								
5								

注：表中，$I_1 = (I_A + I_B + I_C)/3$ 为电枢电流平均值，$P_1 = P_I + P_{II}$ 为三相输入功率。

2. 输出功率 $P_2 \approx 0.5P_N$ 时的 V 形曲线。

（1）按前述方法启动同步电动机。给直流发电机加上负载，使同步电动机加载，在电动机端电压 $U=U_N$ 和频率 $f=f_N$ 的条件下，并保持同步电动机输出功率 $P_2 \approx 0.5P_N$ 不变。

（2）重复上述实验步骤，读取同步电动机励磁电流 I_f、电枢电流 I_1 及输入功率 P_1 的数据，对过励和欠励状态各读取 6 组，将所读数据记入表 1-41 中。

表 1-41 三相同步电动机 $P_2 \approx 0.5P_N$ 时的 V 形曲线实验数据

$U=U_N$，$n=$ ____ r/min

序号	I/A				I_f/A	P_1/W		
	I_A	I_B	I_C	I_1	I_f	P_I	P_{II}	P_1
1								
2								
3								
4								
5								
6								

表中，$I_1=(I_A+I_B+I_C)/3$ 为电枢电流平均值，$P_1=P_I+P_{II}$ 为三相输入功率。

（三）三相同步电动机工作特性曲线的测取

1. 按前述方法启动同步电动机。给直流发电机加上负载，使电动机带上负载，调节调压器使电动机端电压 $U=U_N$ 并保持不变。

2. 增加发电机负载，在电动机输出功率 $P_2=P_N$ 时（即 $I_1=I_N$），调节电动机的励磁电流 I_f，使功率因数 $\cos\varphi=1$。

保持此时同步电动机的励磁电流 I_f 不变，逐步减小电动机负载直至为 0。在此范围内读取同步电动机定子电流 I_1、输入功率 P_1、功率因数 $\cos\varphi$ 和输出转矩 T_2 的数据，共读取 7 组，将所读数据记入表 1-42 中。

表 1-42 三相同步电动机工作特性曲线实验数据

$R_0=$ ____ Ω，$U=U_N$，$I_f=$ ____ A，$n=$ ____ r/min

序号	电动机输入								直流发电机输出		
	I_A/A	I_B/A	I_C/A	I_1/A	P_I/W	P_{II}/W	P_1/W	$\cos\varphi$	I_f/A	U_F/A	I_F/A
1											
2											
3											

续表

序号	电动机输入								直流发电机输出		
	I_A/A	I_B/A	I_C/A	I_1/A	P_I/W	P_{II}/W	P_1/W	$\cos\varphi$	I_f/A	U_F/A	I_F/A
4											
5											
6											
7											

表中，$I_1 = (I_A + I_B + I_C)/3$ 为电枢电流平均值，$P_1 = P_I + P_{II}$ 为三相输入功率。

七、实验报告与要求

1. 绘制三相同步电动机异步启动、测取 V 形曲线和工作特性曲线实验的实际线路图，列出被试同步电动机的主要额定数据。

2. 根据实验数据绘制 $P_2 = 0$ 和 $P_2 \approx 0.5P_N$ 时的同步电动机 V 形曲线 $I_1 = f(I_f)$。

3. 根据实验数据绘出同步电动机的工作特性曲线 I_1、T_2、$\cos\varphi$、$\eta = f(P_2)$。以发电机的空载损耗 P_0 和直流发电机电枢电阻 R_0，算出下列各值：

（1）直流发电机输出功率：

$$P_F = U_F I_F \tag{1-50}$$

（2）直流发电机损耗：

$$\sum p_F = P_0 + p_M + p_s + p_f + p_{Fa} \tag{1-51}$$

式中，P_0 为直流发电机空载损耗；p_M 为直流发电机电枢绕组及与其串联的全部其他绕组内的损耗；p_s 为电刷接触损耗；p_f 为励磁损耗；p_{Fa} 为杂散损耗，与负载率有关。

该部分损耗可具体由式（1-52）~式（1-56）求得：

$$p_0 = p_{Fe} + p_{mec} \approx I_0 U_0 \tag{1-52}$$

$$p_M = I_a^2 \sum r_a \tag{1-53}$$

$$p_s = 2I_a \Delta U_s \tag{1-54}$$

式中，$\Delta U \approx 0.6 \text{ V}$，与 I_a 无关。

$$p_f = U_f I_f \tag{1-55}$$

$$p_{Fa} = 0.5\% P_N \left(\frac{I}{I_N}\right)^2 \tag{1-56}$$

（3）由式（1-50）、式（1-51）可计算同步电动机输出功率，其表达式为：
$$P_2 = P_F + \sum p_F$$

（4）电动机效率可表达为：
$$\eta = \frac{P_2}{P_1}$$

（5）同步电动机的功率因数可表达为：
$$\cos\varphi = \frac{P_1}{\sqrt{3}U_D I_D} \tag{1-57}$$

（6）转矩 T_2 可表达为：
$$T_2 = 9.55\frac{P_2}{n_1} \tag{1-58}$$

根据以上数据，即可作出三相同步电动机的运行曲线。

八、实验思考

三相同步电动机异步启动时，为什么转子励磁回路不允许开路或直接短接？

电机实验测验

1. 直流电机调速实验,如何构造恒转矩负载?如何构造恒功率负载?

2. 单相变压器参数测定空载实验电流表采用内接法还是外接法,为什么?其功率表测得的功率主要是什么,为什么?

3. 简单分析同步电动机异步启动的过程。

4. 同步电机并网运行的条件是什么?灯光旋转法并网实验,如果相序不对会产生什么实验现象?什么现象说明频率基本调好?

5. 圆形旋转磁场的旋转方向和什么有关?如何调整其运动方向?如何验证?

第 2 篇　电机实验室虚拟实验

电机学虚拟实验使用说明

一、软件使用环境

电机学虚拟实验平台是在 Matlab 2011b 基础上开发的,因此在使用时,需要在个人计算机上下载并安装 Matlab 2011b 及以上版本方可使用本软件平台进行实验。

二、软件使用说明

1. 将软件拷贝至计算机硬盘后,应保证其存储目录为全英文(可包含数字、下划线等)路径下,保证在 Matlab 环境下正常读取。

2. 打开 Matlab,并把 Matlab 当前文件夹设置为"电机学虚拟实验",双击"a_dianjishiyan.fig"进入虚拟实验平台首页。也可以通过打开"电机学虚拟实验"文件夹,双击"a_dianjishiyan.fig"进入实验平台首页。

3. 电机学虚拟实验平台首页如图 2-1 所示。实验内容包括了 4 个部分:变压器实验、直流电机实验、三相异步电机实验、同步电机实验。

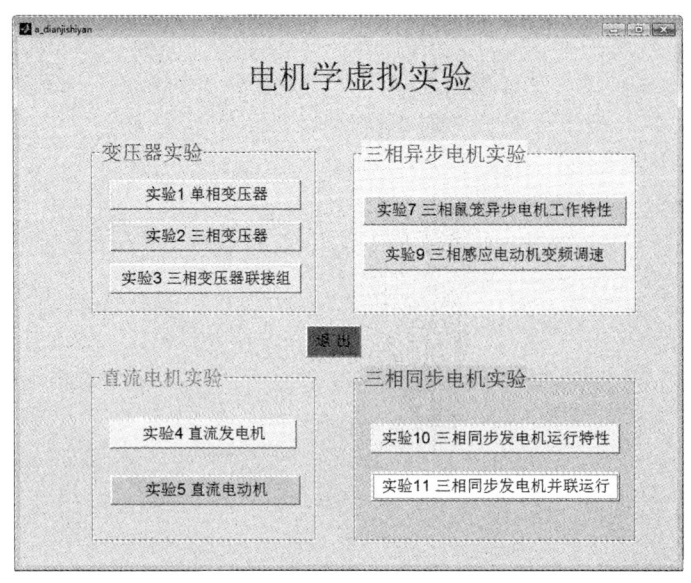

图 2-1　电机学虚拟实验平台首页

4. 单击相应按钮进入各单项实验。

5. 使用注意事项：

（1）实验时，"实验数据"的每个空都需要要填写数字。

（2）部分实验数据给出一列数，仅提供参照。

（3）需要进行 Matlab 仿真的可在"电机实验仿真"文件夹内找出对应的仿真文件。

实验 1　单相变压器实验

一、实验目的

1. 通过空载（也称开路实验、也称负载实验）和短路实验测定变压器的变化和参数。
2. 通过不同性质的负载实验测取变压器的运行特性。

二、实验内容

1. 空载实验：测取空载特性 $U_0 = f(I_0)$，$P_0 = f(U_0)$。

由空载实验测取变压器的原、副边的电压数据，分别计算出变比，然后取其平均值作为变压器的变比 $K = U_k/U_0$。

测出 $U_0 = U_N$ 时的 I_0 和 P_0 值，并算出激磁参数 Z_m，r_m 和 X_m。

2. 短路实验：测取短路特性 $U_k = f(I_k)$，$P_k = f(I_k)$。

取短路电流 $I_K = I_N$ 时的 U_K 和 P_K 值，计算出实验环境温度为 $\theta(℃)$ 下的短路参数 Z_K，r_K 和 X_K。

3. 负载实验：纯电阻负载。

保持 $U_1 = U_{1N}$，$\cos\varphi_2 = 1$ 的条件下，测取 $U_2 = f(I_2)$。

由特性曲线计算出 $I_2 = I_{2N}$ 时的电压变化率 Δu。

三、实验步骤

单击实验首页"实验 1 单相变压器"按钮，进入"单相变压器实验"界面，如图 2-2 所示，该界面包括了变压器空载、短路、负载实验等子实验链接，以及变压器的铭牌。

（一）空载实验

单击"空载实验"按钮，进入"单相变压器空载实验"界面，如图 2-3 所示。

该实验主要是改变单相变压器输入电压 U_0，观察记录输出电流和输出功率的大小。仿真时，先进行数据采集，在"输入电压 Uo"一栏输入电压（可参照"实验数据电压 Uo"一栏的数值给定），然后单击"运行"按钮，将进行仿真，输出结果如图 2-4 所示。

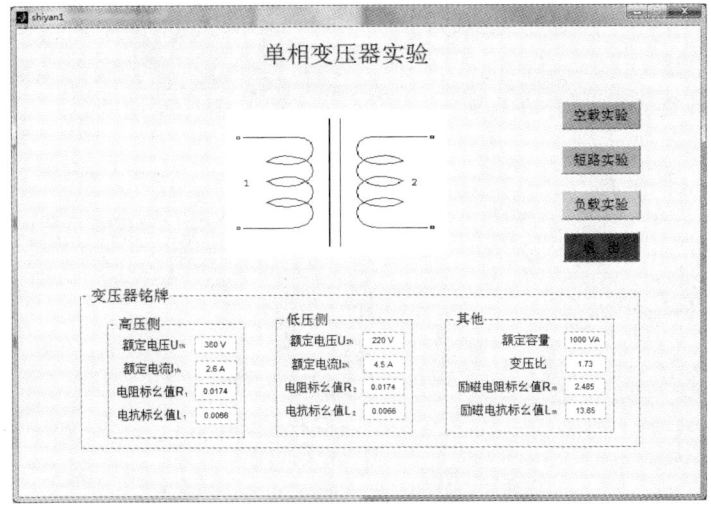

图 2-2 "单相变压器实验"界面

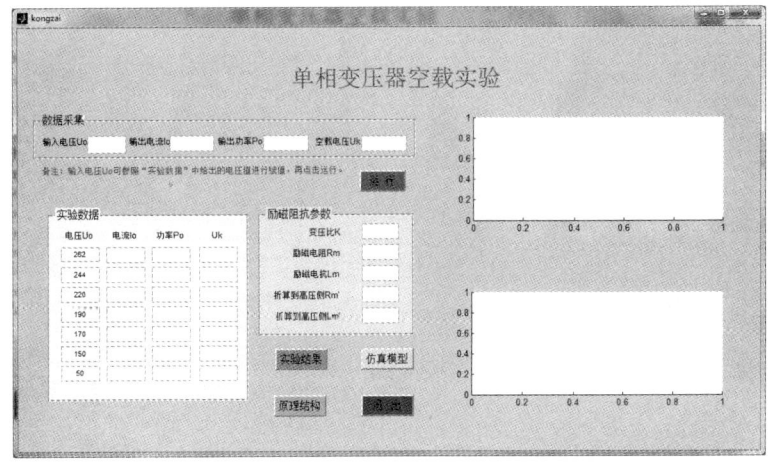

图 2-3 "单相变压器空载实验"界面

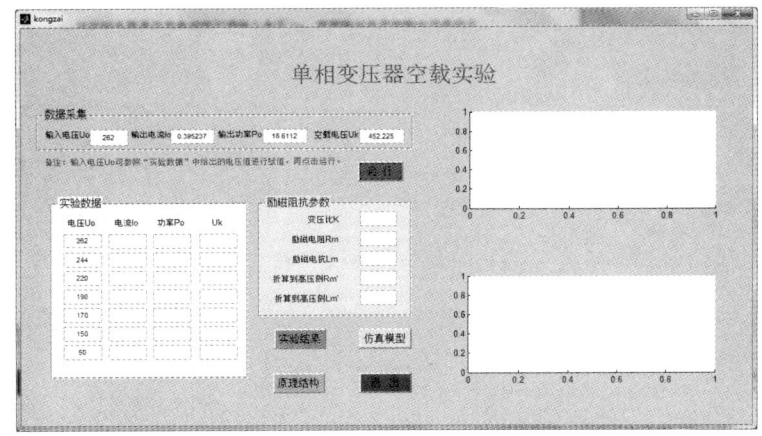

图 2-4 单相变压器空载实验运行输出结果

将"输出电流 Io""输出功率 Po""空载电压 Uo"显示的结果输入实验数据中,再改变"输入电压 Uo"运行,进行 7 组实验。将实验数据一栏空格填满。单击"实验结果"按钮,计算出励磁阻抗参数,并绘出空载特性曲线,如图 2-5 所示。

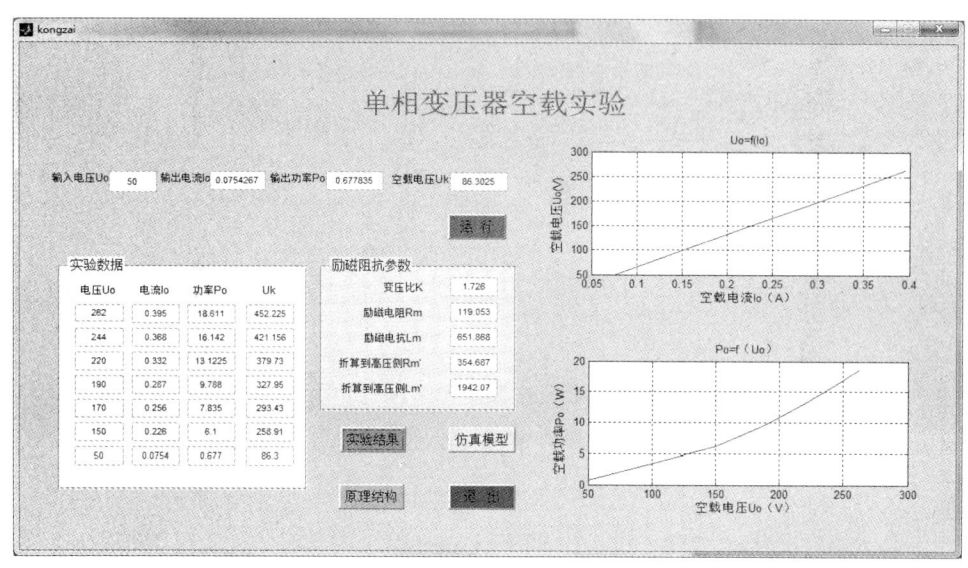

图 2-5　单相变压器空载实验运行结果

实验时可任意更改"输入电压 Uo",观察实验结果。

单击"仿真模型"按钮和"原理结构"按钮将得到单相变压器空载实验的仿真模型图和实验原理结构图,如图 2-6 所示。

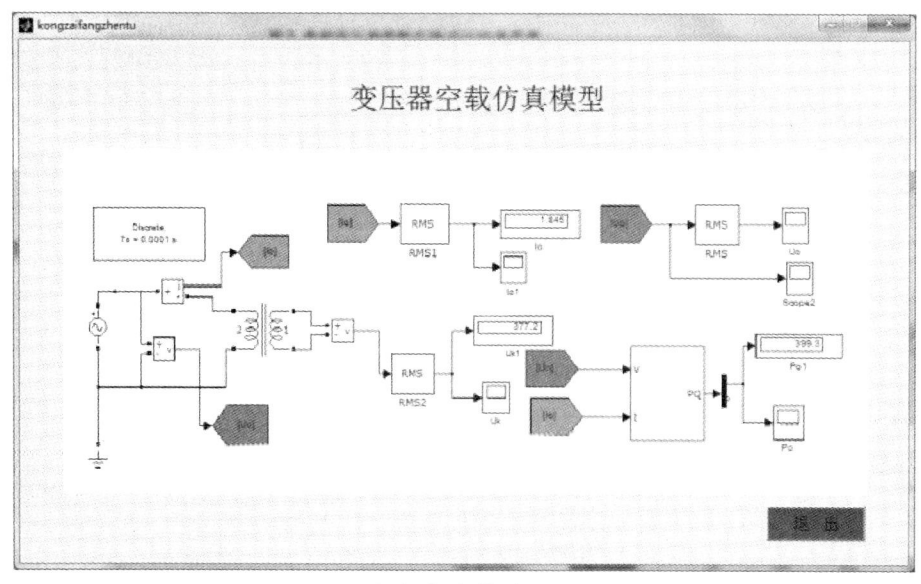

(a) 仿真模型图

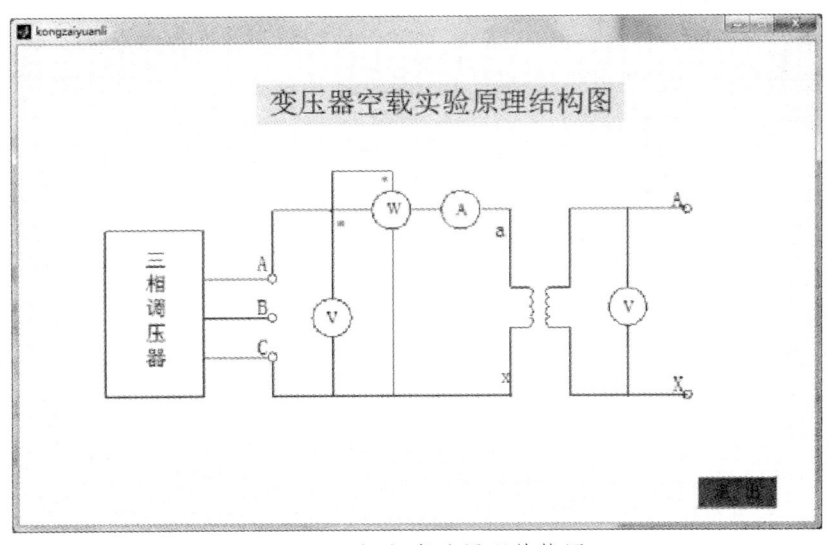

（b）实验原理结构图

图 2-6　变压器空载实验仿真模型和原理结构图

单击红色"退出"按钮，退出该实验。

（二）短路实验

单击变压器实验的"短路实验"按钮进入"变压器短路实验"界面，如图 2-7 所示。

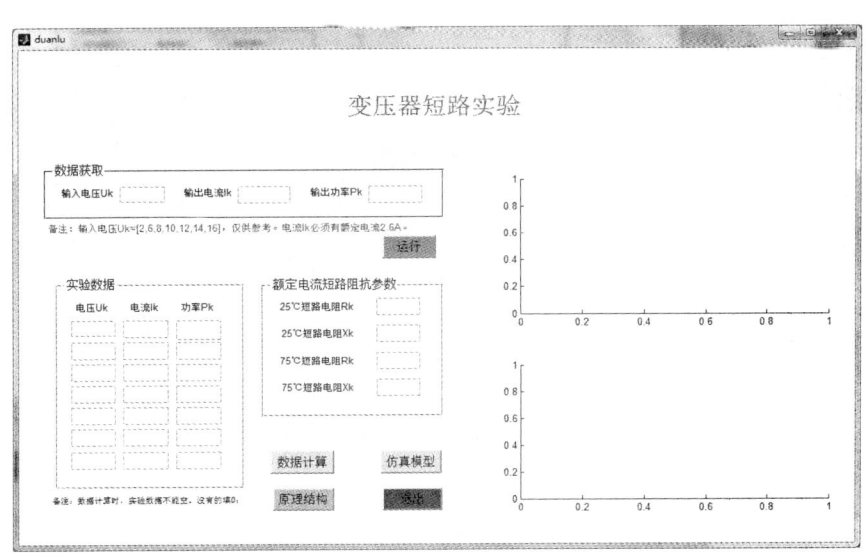

图 2-7　"变压器短路实验"界面

该实验主要是逐渐增大单相变压器输入电压 U_k，观察短路输出电流的大小，使电流在 0~3 A 内，测变压器的电压 U_k，电流 I_k 以及功率 P_k。取 7 组数据。在仿真时，先进行数据采集,在"输入电压 U_k"一栏输入电压(参照备注所给参数赋值),然后单击"运行"按钮将进行仿真,并将输出结果填入"实验数据"中,单击"数据计算"按钮得到实验结果,如图 2-8 所示。

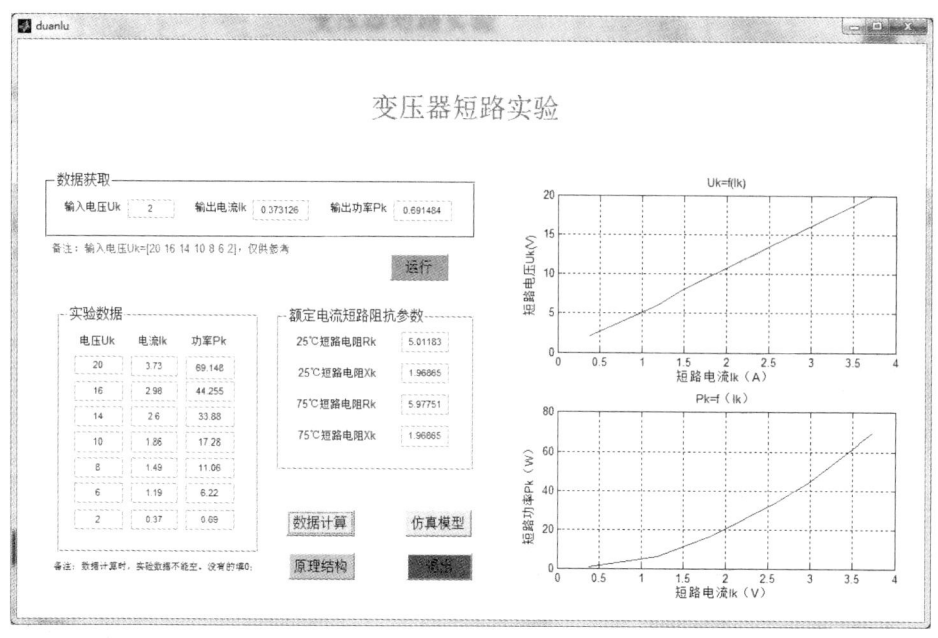

图 2-8 单相变压器短路实验运行结果

短路实验仿真模型和原理结构图如图 2-9 所示。

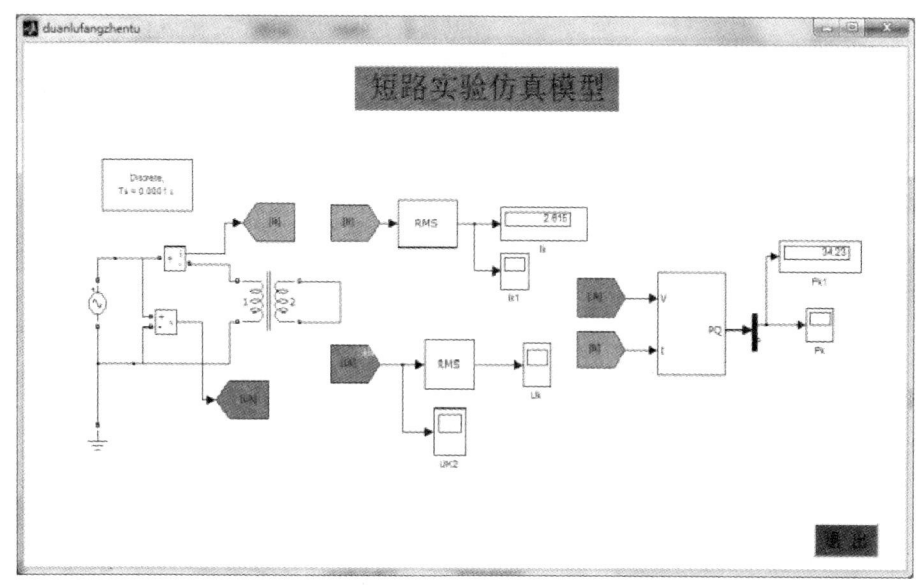

(a)仿真模型图

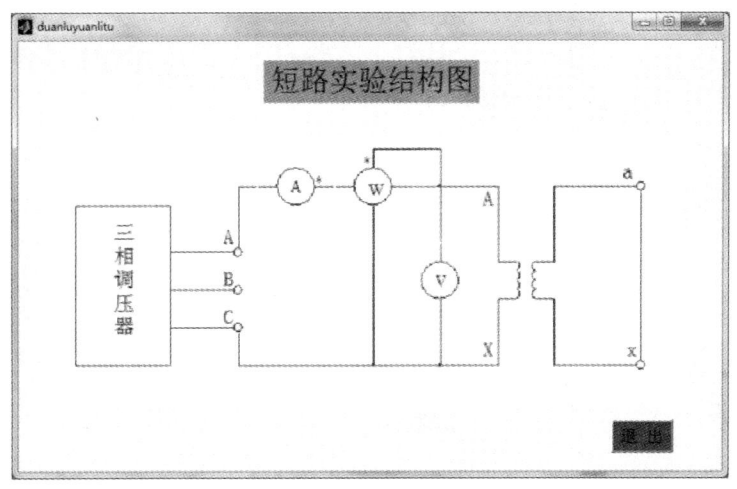

（b）实验原理结构图

图 2-9 短路实验仿真模型图与结构图

单击红色"退出"按钮，退出该实验。

（三）负载实验

单击变压器实验的"负载实验"按钮进入"单相变压器负载实验"界面，如图 2-10 所示。

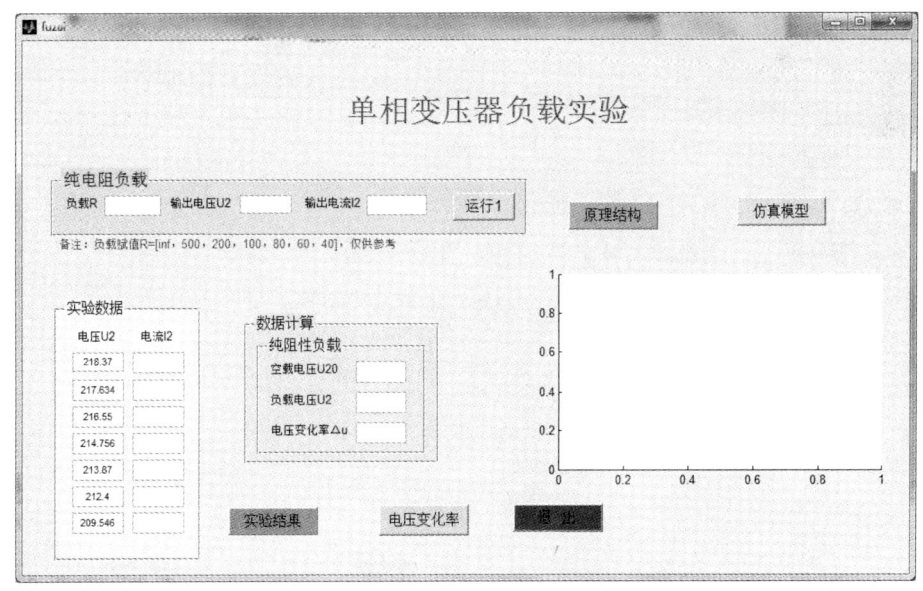

图 2-10 单相变压器负载实验

逐渐减小"负载 R"的值，得到相应的电压电流功率数据，在负载端输入"inf"时，电流为 0，如图 2-11 所示。

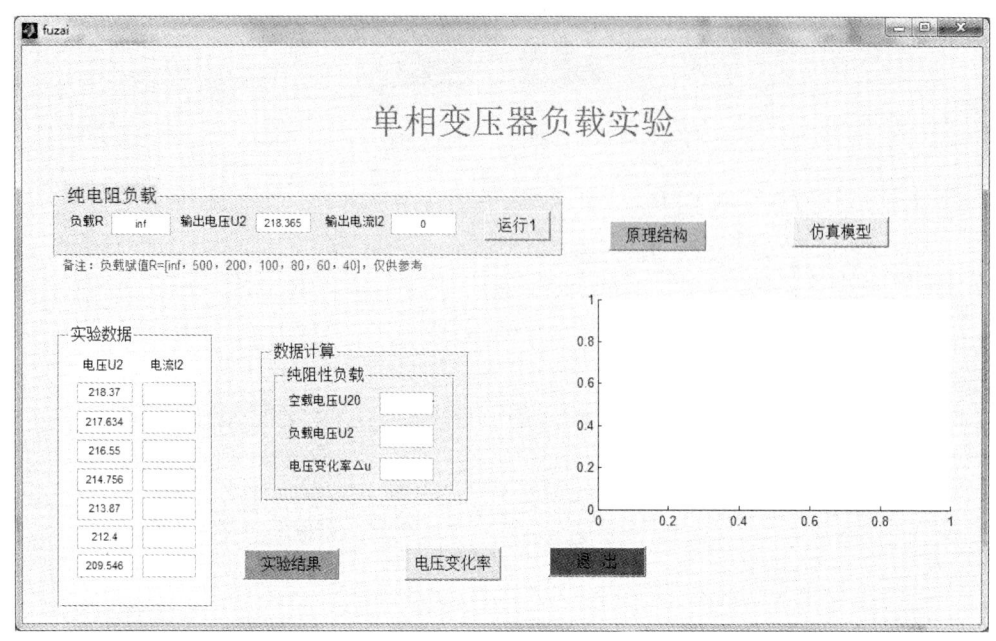

图 2-11 电流为 0 时负载

"负载 R"的值可参考备注所给的参数,将运行结果填入"实验数据"栏,单击"实验结果"按钮得到负载曲线,如图 2-12 所示。

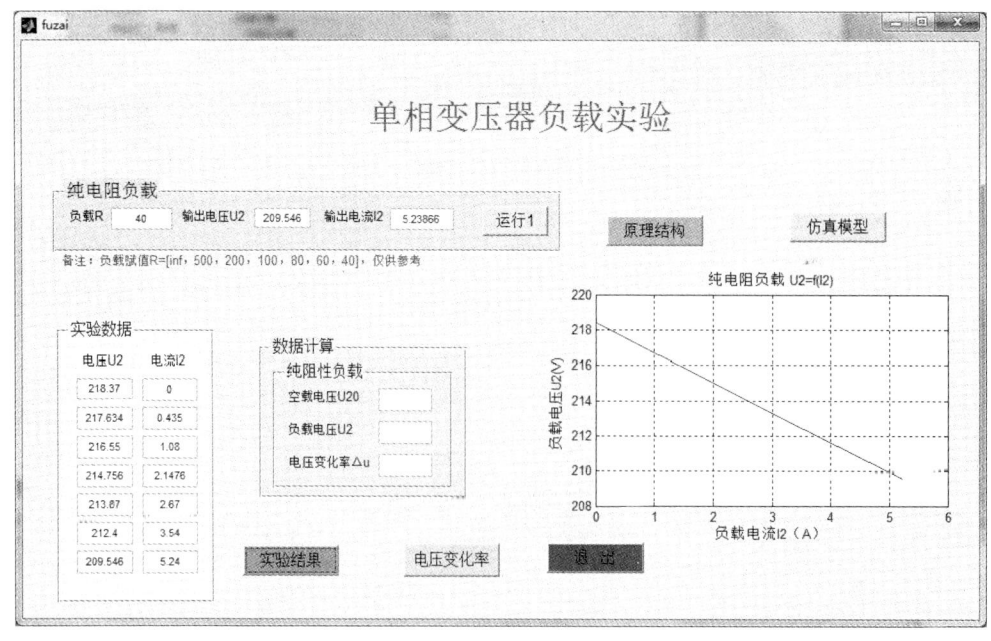

图 2-12 负载特性实验结果

负载为 inf 即无穷大时，为空载，将此时电压填入"数据计算"中的"空载电压 U20"一栏，"负载电压 U₂"为任意时刻电压，单击"电压变化率"按钮计算该时刻电压的变化率，其结果如 2-13 所示。

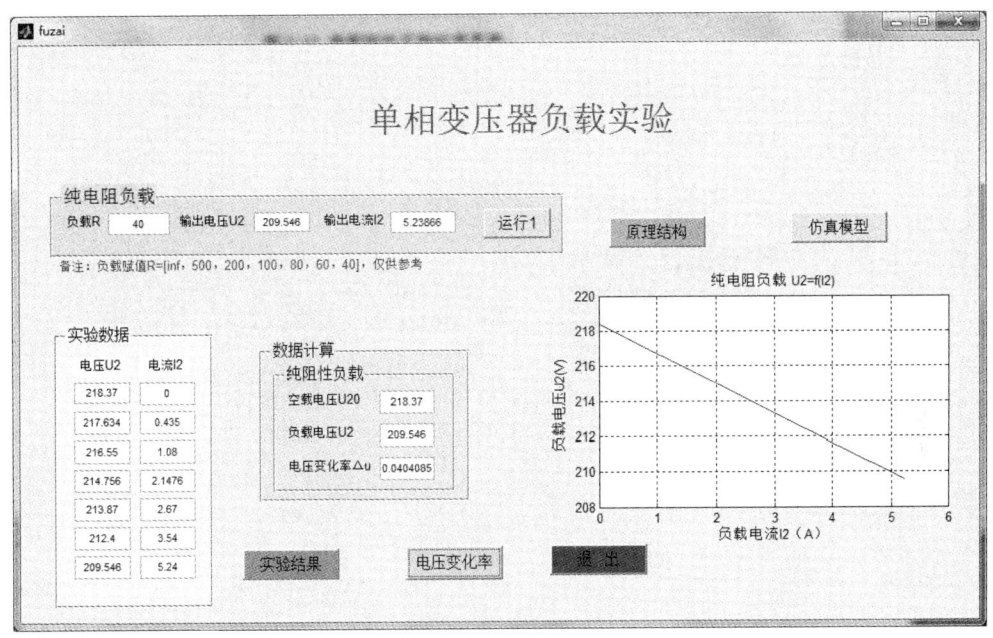

图 2-13 负载实验电压变化率计算结果

单相变压器负载实验仿真模型和原理结构图如 2-14 所示。

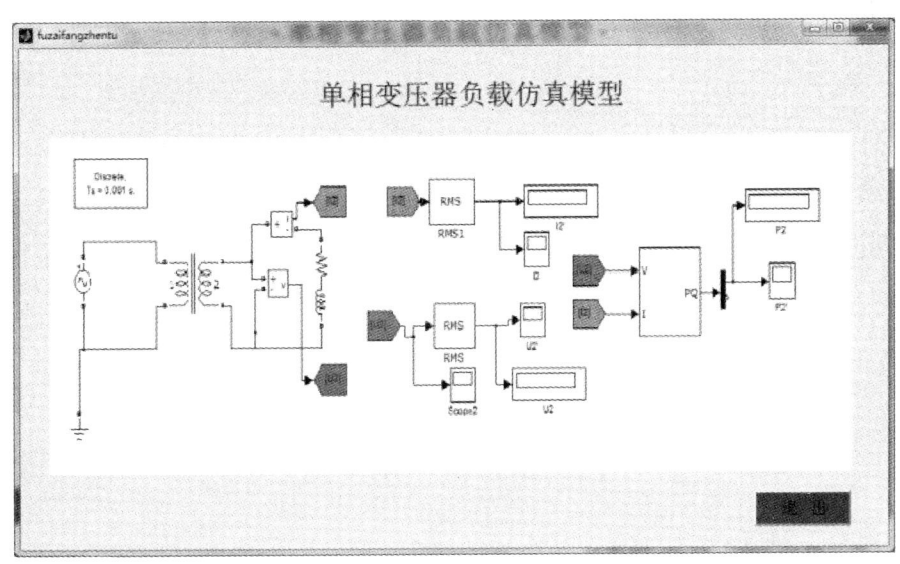

（a）仿真模型图

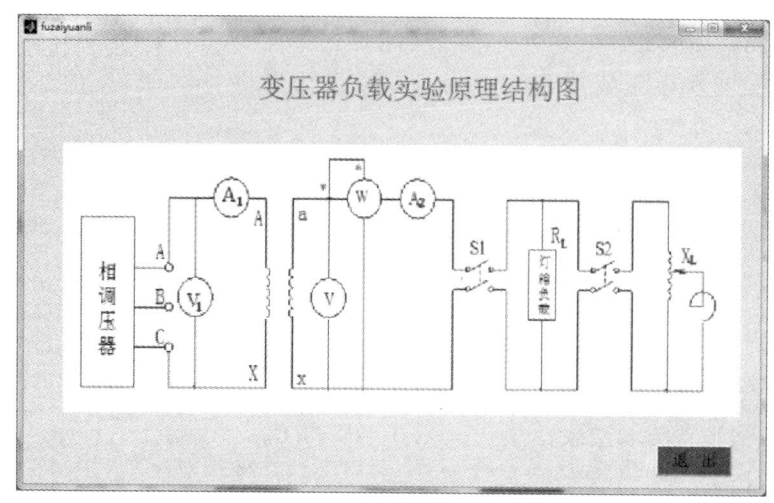

（b）实验原理结构图

图 2-14 变压器负载实验仿真模型图与结构图

单击红色"退出"按钮，退出该实验。

实验 2 三相变压器实验

一、实验目的

1. 通过空载和短路实验,测定三相变压器的变比和参数。
2. 通过负载实验,测取三相变压器的运行特性。

二、实验内容

1. 空载实验:测取空载特性 $U_0 = f(I_0)$,$P_0 = f(U_0)$。

取 $U_0 = U_N$ 时的 I_0 和 P_0 值,并求取激磁参数,并算出激磁参数 Z_m、r_m 和 X_m。

2. 短路实验:测取短路特性 $U_K = f(I_K)$,$P_K = f(U_K)$。

取短路电流 $I_K = I_N$ 时的 U_K 和 P_K 值,计算出实验环境温度为 θ (℃)下的短路参数 Z_K,r_K 和 X_K。

3. 纯电阻负载实验:保持 $U_1 = U_{1N}$,$\cos\varphi_2 = 1$ 的条件下,测取 $U_2 = f(I_2)$。

根据实验数据绘出 $\cos\varphi_2 = 1$ 时的特性曲线 $U_2 = f(I_2)$,由特性曲线计算出 $I_2 = I_{2N}$ 时的电压变化率 Δu。

三、实验步骤

(一)空载实验

单击实验界面首页"三相变压器"按钮进入"三相变压器实验"界面,如图 2-15 所示。

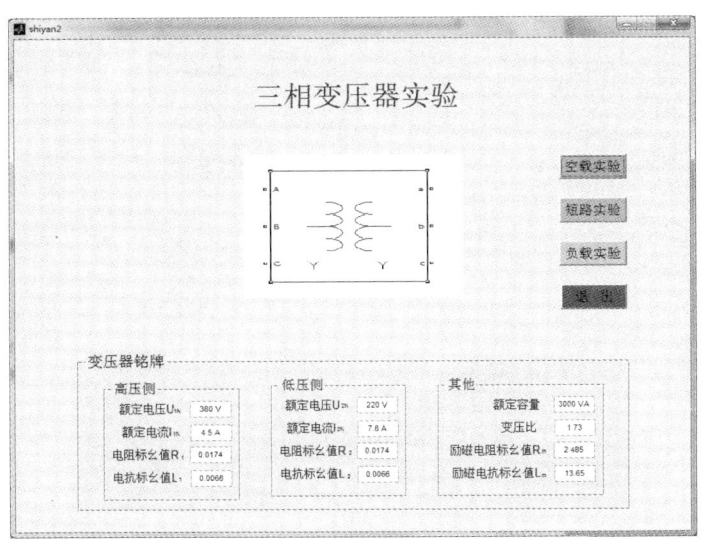

图 2-15 "三相变压器实验"界面

单击"空载实验"按钮进入"三相变压器空载实验"界面，如图 2-16 所示。

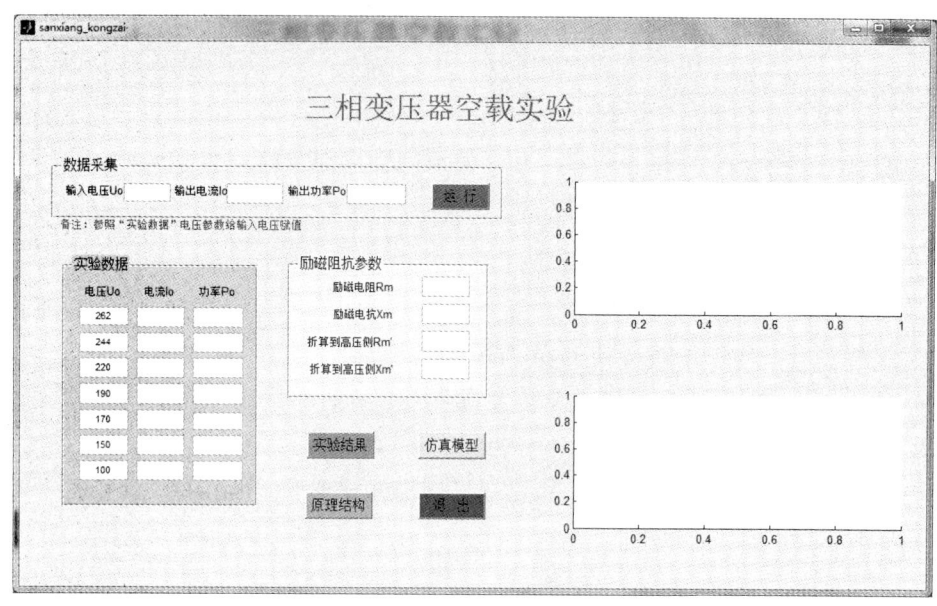

图 2-16 "三相变压器空载实验"界面

该实验主要是改变单相变压器输入电压 Uo，观察记录输出电流和输出功率的大小。仿真时，先进行数据采集，在"输入电压 Uo"一栏输入电压（可参照"实验数据"电压 Uo 一栏的数值给定），然后单击"运行"将进行仿真，其输出结果如图 2-17 所示。

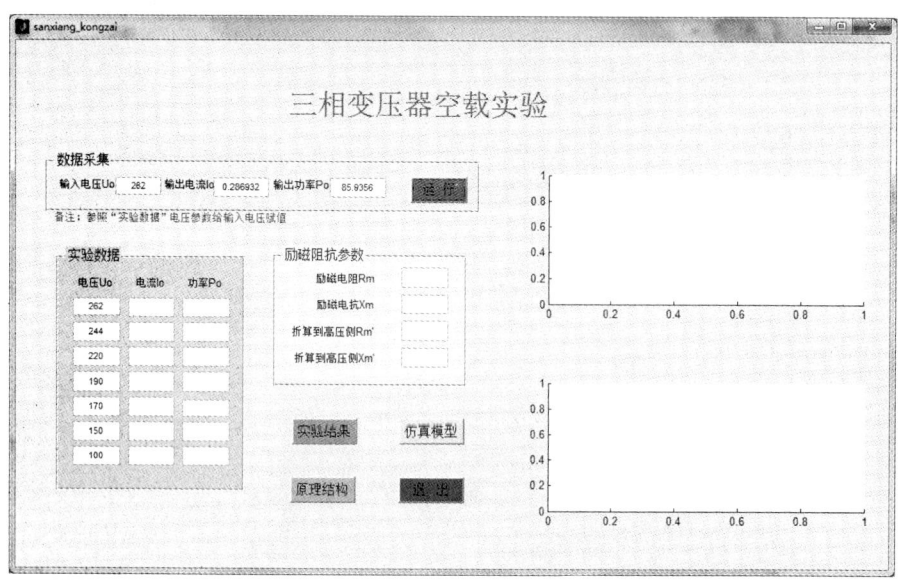

图 2-17 三相变压器空载实验运行输出结果

将"输出空载电流 Io""输出功率 Po""空载电压 Uo"显示的结果输入到实验数据中,再改变"输入空载电压 Uo"后单击"运行"按钮,进行 7~8 组实验。将"实验数据"一栏空格填满。单击"实验结果"按钮,计算出励磁阻抗参数,并绘出空载特性曲线,如图 2-18 所示。

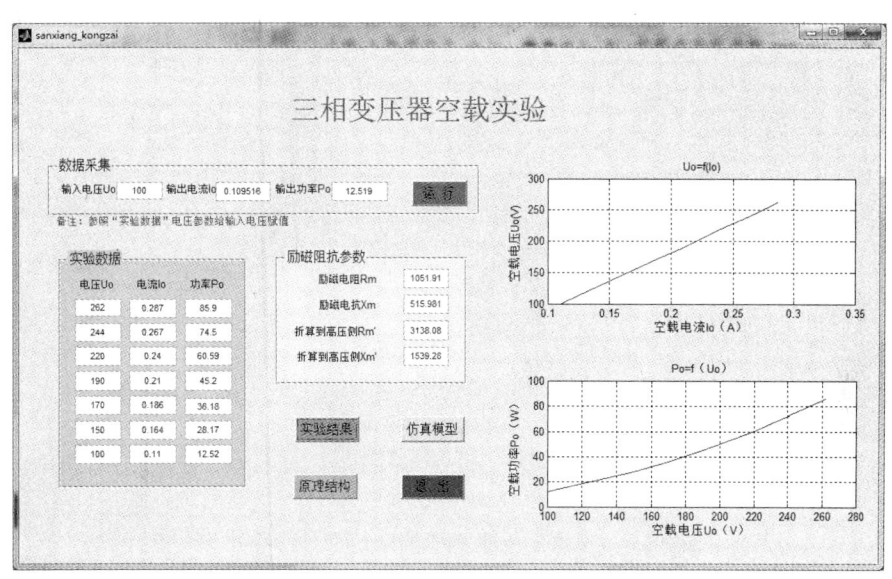

图 2-18　三相变压器空载实验结果

实验时可任意更改"输入电压 Uo",观察实验结果。

单击"仿真模型"按钮和"原理结构"按钮将得到三相变压器空载实验的仿真模型图和实验原理结构图,如图 2-19 所示。

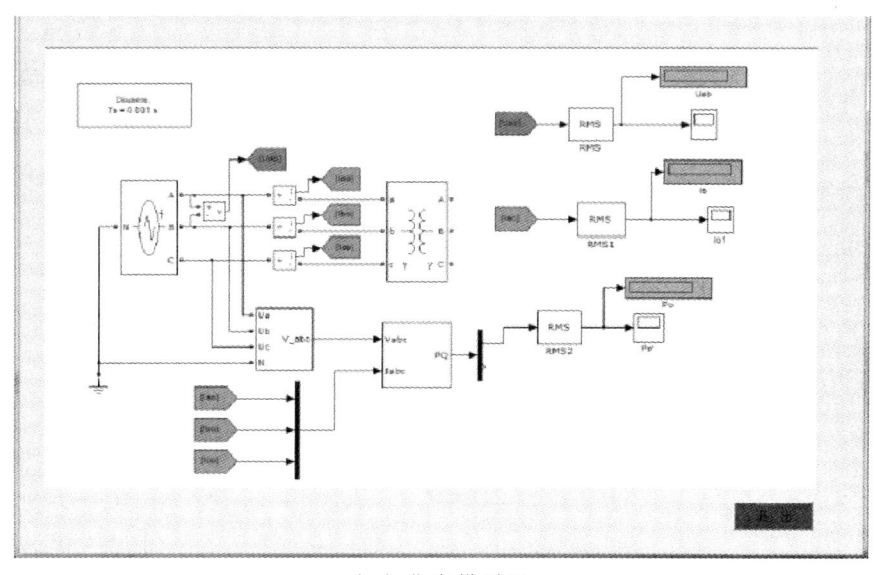

(a)仿真模型图

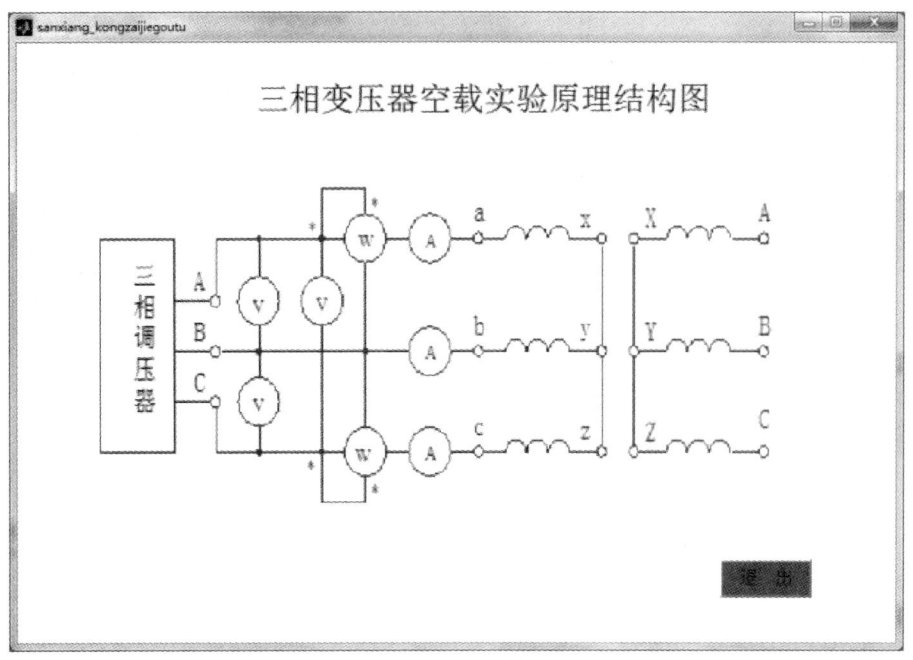

(b)实验原理结构图

图 2-19 三相变压器空载仿真模型图与结构图

单击红色"退出"按钮,退出该实验。

(二)三相变压器短路实验

单击三相变压器实验的"短路实验"按钮进入"三相变压器短路实验"界面,如图 2-20 所示。

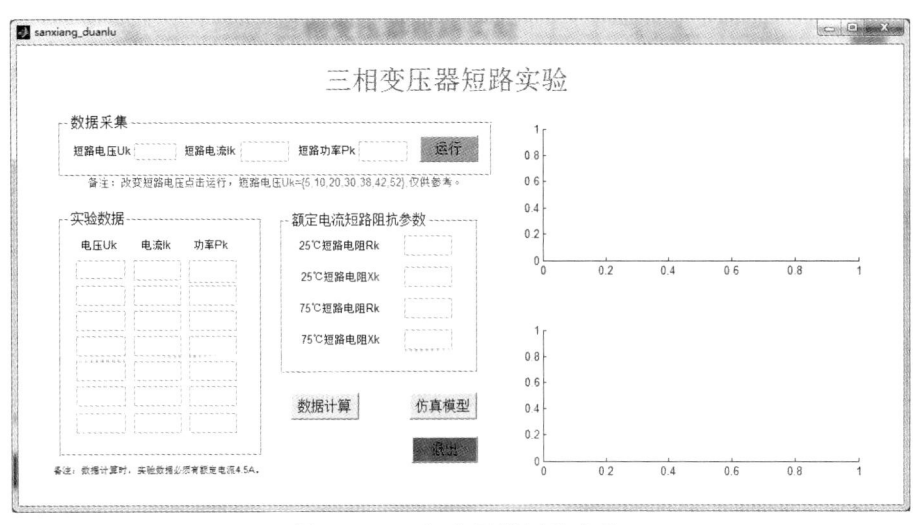

图 2-20 三相变压器短路实验

该实验主要是逐渐增大三相变压器输入电压 U_k，观察短路输出电流的大小，使电流在 0~5.6 A 内，测变压器的电压 U_k 电流 I_k 以及功率 P_k。取 7 组数据。

在仿真时，先进行数据采集，在"输入空载电压 Uo"一栏输入电压（参照备注所给参数赋值），然后单击"运行"按钮进行仿真，并将输出结果填入"实验数据"中，单击"数据计算"按钮得到实验结果，如图 2-21 所示。

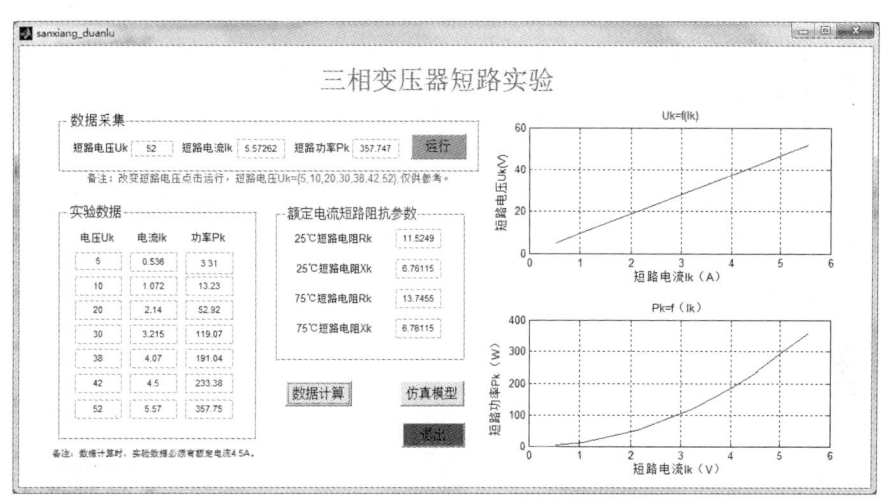

图 2-21　三相变压器短路实验运行结果

短路实验仿真模型如图 2-22 所示。

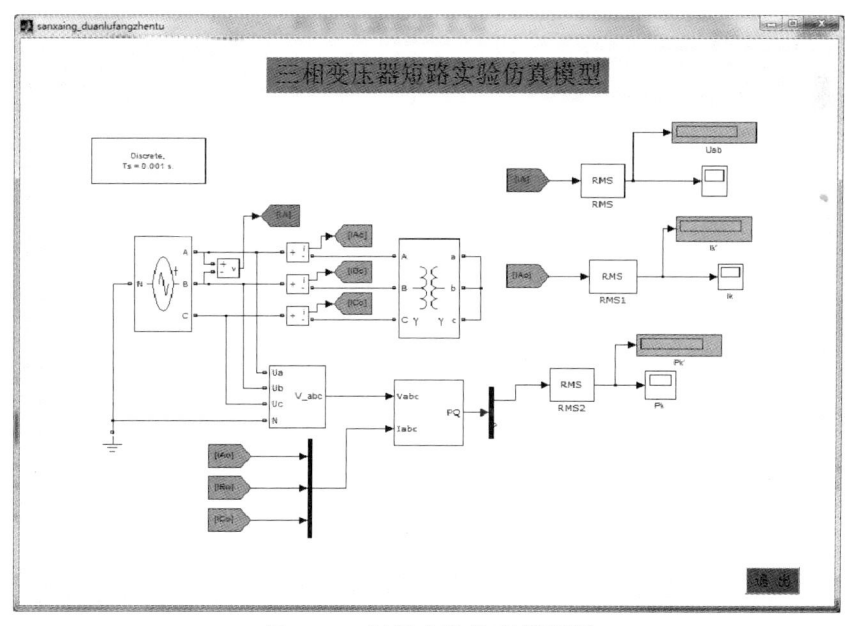

图 2-22　短路实验仿真模型图

单击红色"退出"按钮，退出该实验。

（三）负载实验

单击三相变压器实验的"负载实验"按钮进入"三相变压器负载实验"界面，如图 2-23 所示。

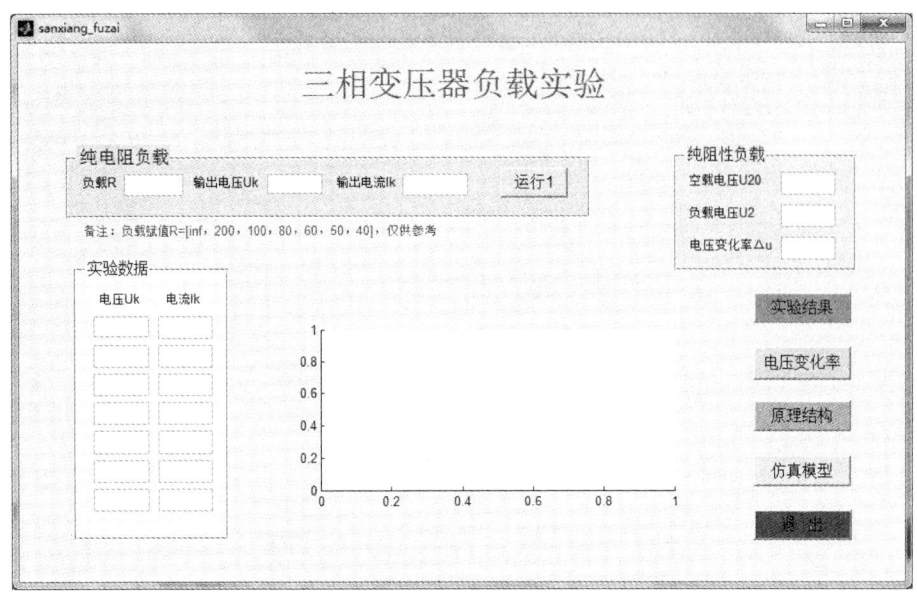

图 2-23 "三相变压器负载实验"界面

逐渐减小"负载 R"的值，得到相应的电压电流功率数据，在负载端输入"inf"时，电流为 0，如图 2-24 所示。

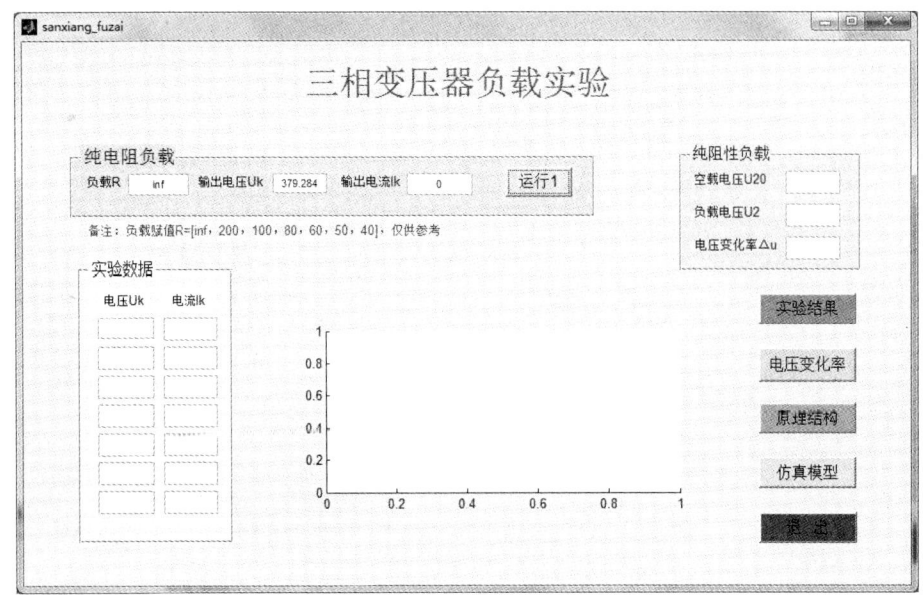

图 2-24 电流为 0 时负载实验

"负载 R"的值可参考备注所给的参数,将运行结果填入"实验数据"栏,单击"实验结果"按钮得到负载曲线,如图 2-25 所示。

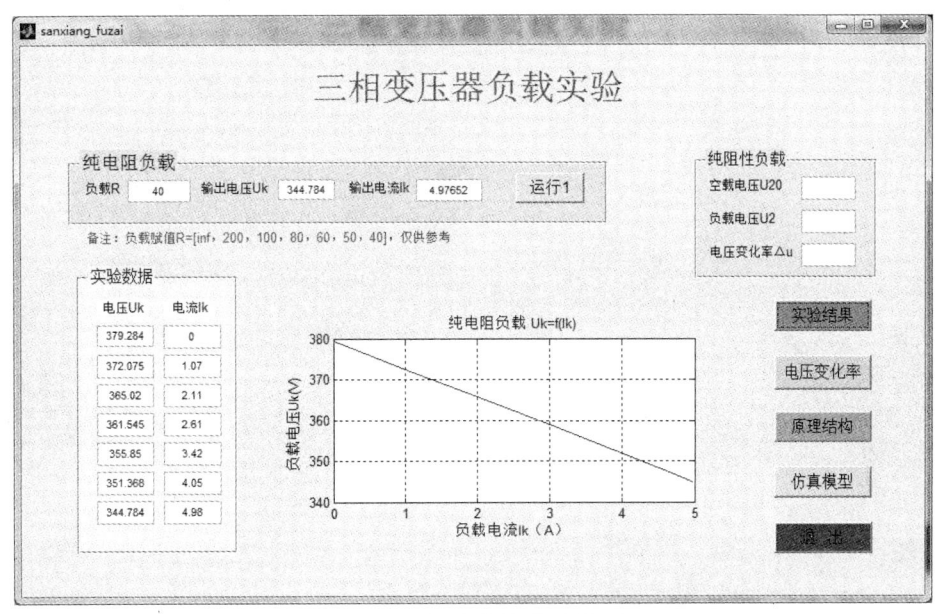

图 2-25　负载特性实验结果

负载为 inf 即无穷大时,为空载,将此时电压填入"数据计算"中的"空载电压 U_{20}"一栏,"负载电压 U_2"为任意时刻电压,单击"电压变化率"按钮计算该时刻电压的变化率,计算结果如图 2-26 所示。

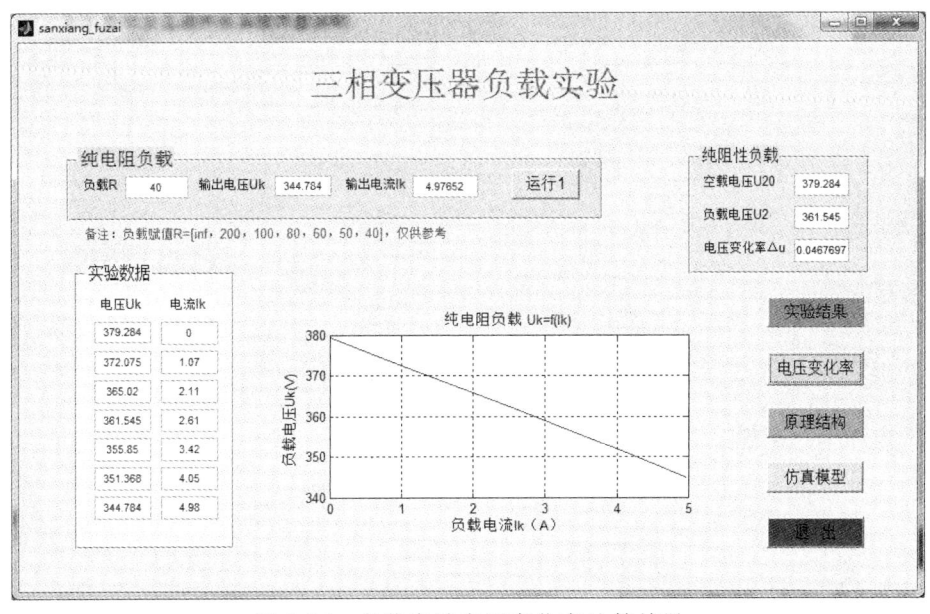

图 2-26　负载实验电压变化率计算结果

负载实验仿真模型和原理结构图如 2-27 所示。

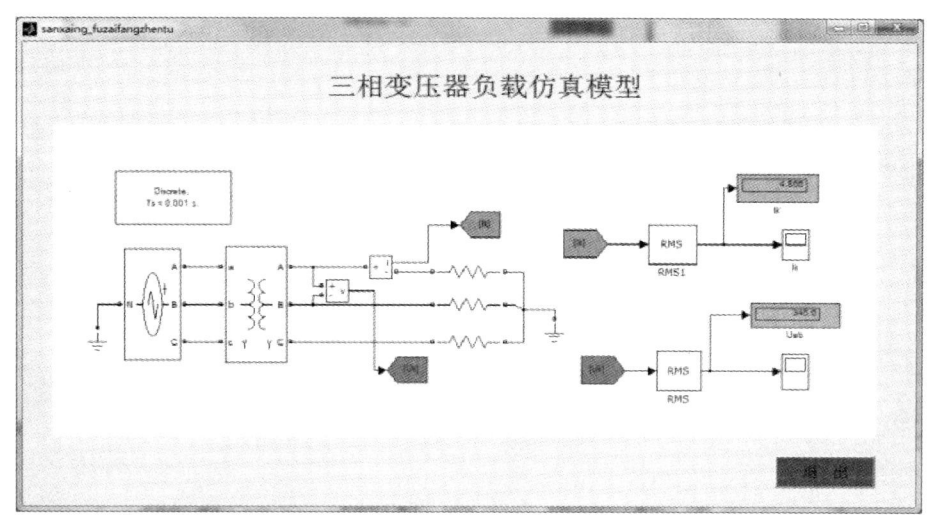

（a）仿真模型图

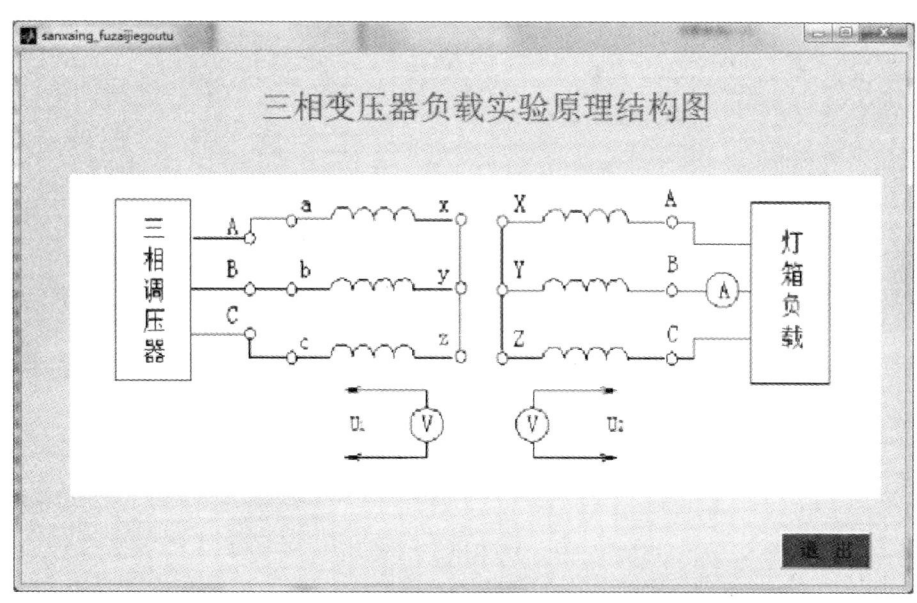

（b）实验原理结构图

图 2-27　三相变压器负载实验仿真模型图与实验原理结构图

单击红色"退出"按钮，退出该实验。

实验 3 三相变压器连接组实验

一、实验目的

观察三相变压器线圈不同的连接法和不同铁心结构对空载电源、电动势波形的影响,掌握变压器工作原理。

二、实验内容

（一）Y/y-0

根据 Y/y-0 连接组的电动势相量图可知。

$$U_{Bb} = U_{Cc} = (K_L - 1)U_{ab}$$

$$U_{BC} = U_{ab}\sqrt{K_L^2 - K_L + 1}$$

式中，$K_L = \dfrac{U_{AB}}{U_{ab}}$ 为线电压之比。

（二）Y/d-11

根据 Y/d-11 连接组的电动势相量可得。

$$U_{Bb} = U_{Cc} = U_{Bc} = U_{ab}\sqrt{K_L^2 - \sqrt{3}K_L + 1}$$

三、实验步骤

单击电机学实验首页界面的"三相变压器连接组实验"按钮,进入"三相变压器连接组实验"界面,如图 2-28 所示。

改变"高压侧电压 U_{AB}"的值,单击"运行计算"得到同名端的电压值以及变压比,运行结果如图 2-29 所示。

改变高压侧电压值,得到不同的结果,如图 2-30 所示。

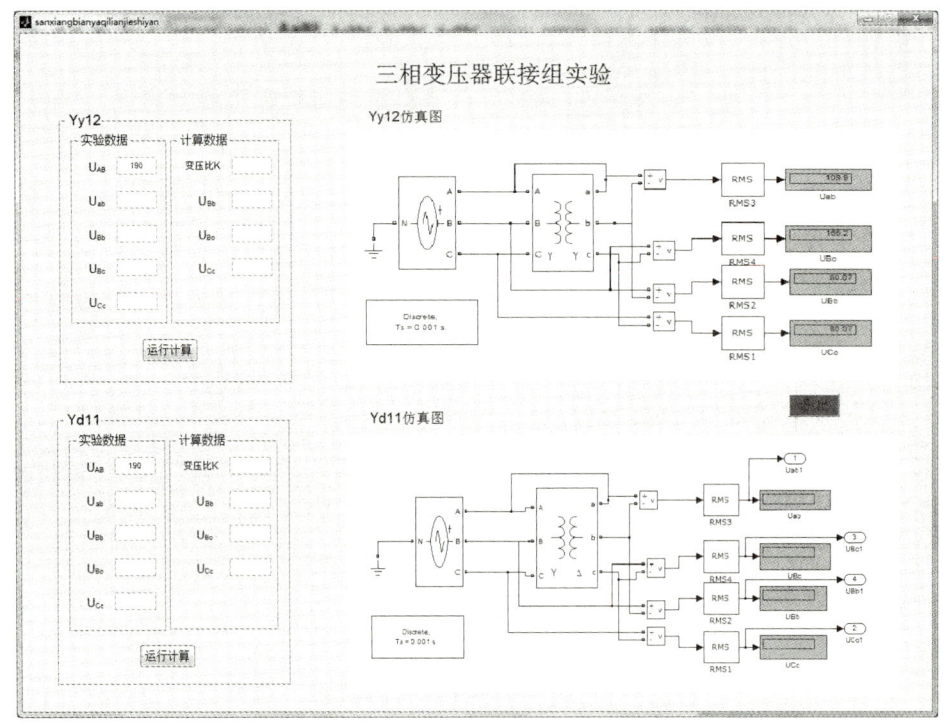

图 2-28 三相变压器连接组实验

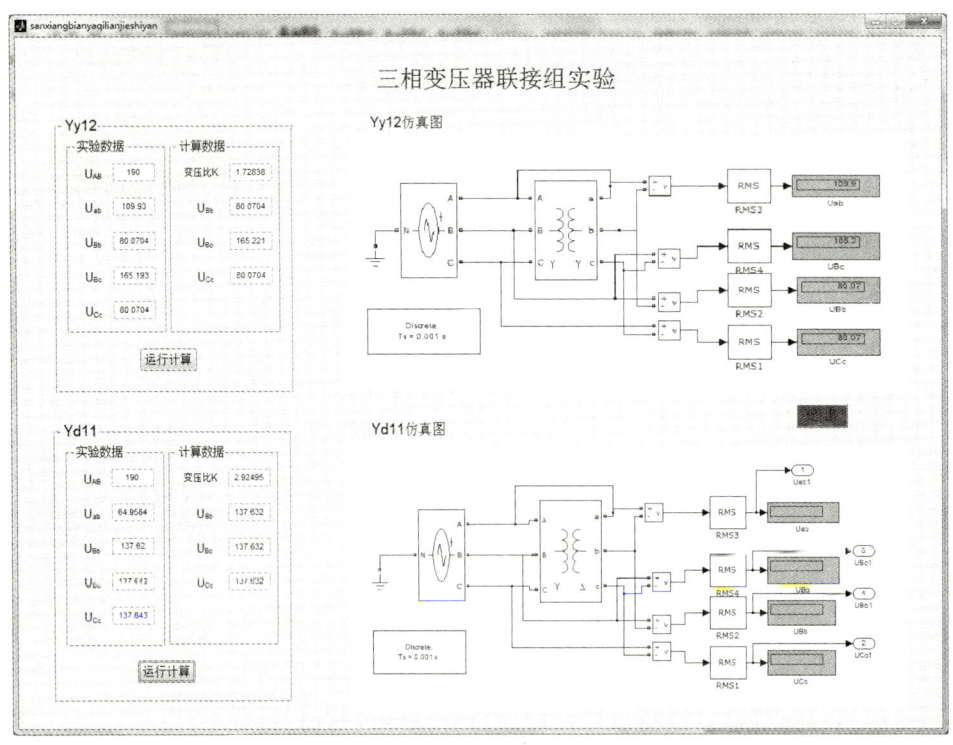

图 2-29 三相变压器连接组实验运行结果

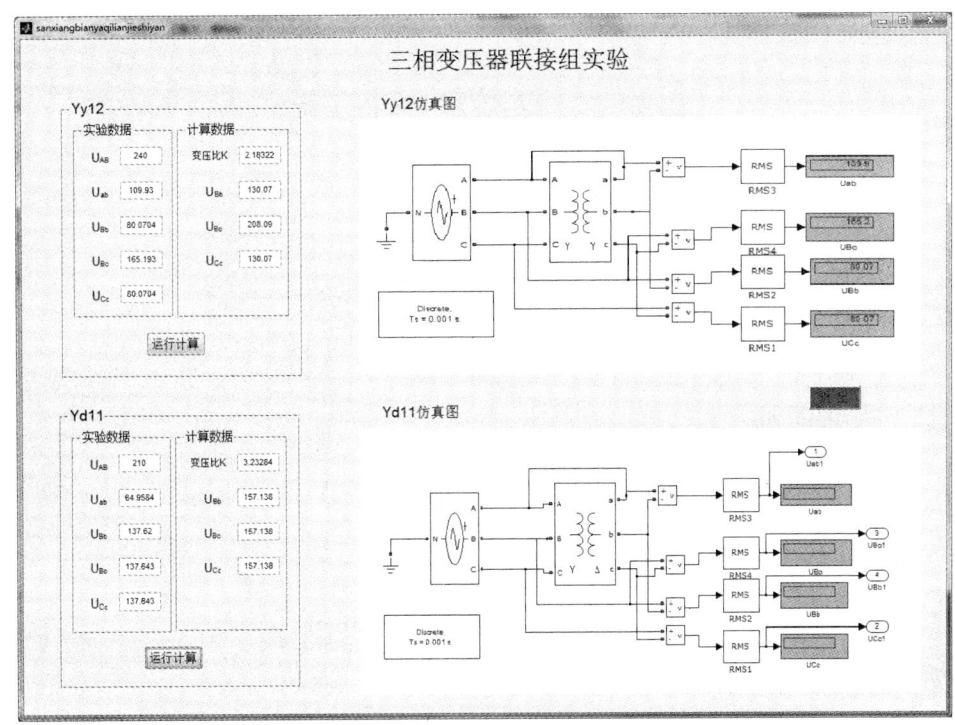

图 2-30 三相变压器连接组不同电压运行结果

实验4　直流发电机实验

一、实验目的

1. 掌握并励直流发电机建立稳定电压的操作过程。
2. 掌握用实验方法测定直流发电机的运行特性。

二、实验内容

（一）测定他励直流发电机的空载特性 $U_0 = f(I_f)$、外特性 $U = f(I)$ 和调整特性 $I_f = f(I)$

1. 空载试验。

在保持发电机空载及转速额定的条件下，从 $U_F \approx 1.2U_{FN}$ 开始，单方向逐步增加励磁回路电阻 R_{f2} 值，使发电机励磁电流 I_{f2} 逐步减小。

2. 外特性实验。

在保持直流发电机 $n = n_N$ 和 $I_{f2} = I_{f2N}$ 不变的条件下，逐步增加负载电阻 R_L 值，使发电机负载电流逐步减小。每次记下发电机负载电流 I_F、输出电压 U_F。

3. 调整试验。

在保持直流发电机 $n = n_N$ 和 $U_F = U_{FN}$ 不变的条件下，逐步增加负载电阻 I_F。当负载电流增加时，为保持发电机输出电压 U_{FN} 不变，要相应调节发电机励磁电流 I_{f2}。在负载电流 $I_F = 0$ 至 $I_F = I_{FN}$ 的范围内，每次记下负载电流 I_F 和发电机励磁电流 I_{f2} 的数据。

（二）测定并励直流发电机的外特性 $U = f(I)$

调节发电机至 $n = n_N$、$U_F = U_{FN}$ 和 $I_F = I_{FN}$ 的额定工作状态，并保持发电机在此额定状态下的励磁回路电阻 $R_{f2} = R_{f2N}$ 不变，逐步增加负载电阻 R_L 值，以减小发电机的负载电流直至 $I_F = 0$。每次记下发电机输出电压 U_F 和输出电流 I_F 的数据。

三、实验步骤

单击实验首页界面中"直流发电机"按钮，进入"直流发电机实验"界面，如图 2-31 所示。

直流发电机实验包括 3 部分：他励发电机空载实验，他励发电机负载实验和并励发电机负载实验。

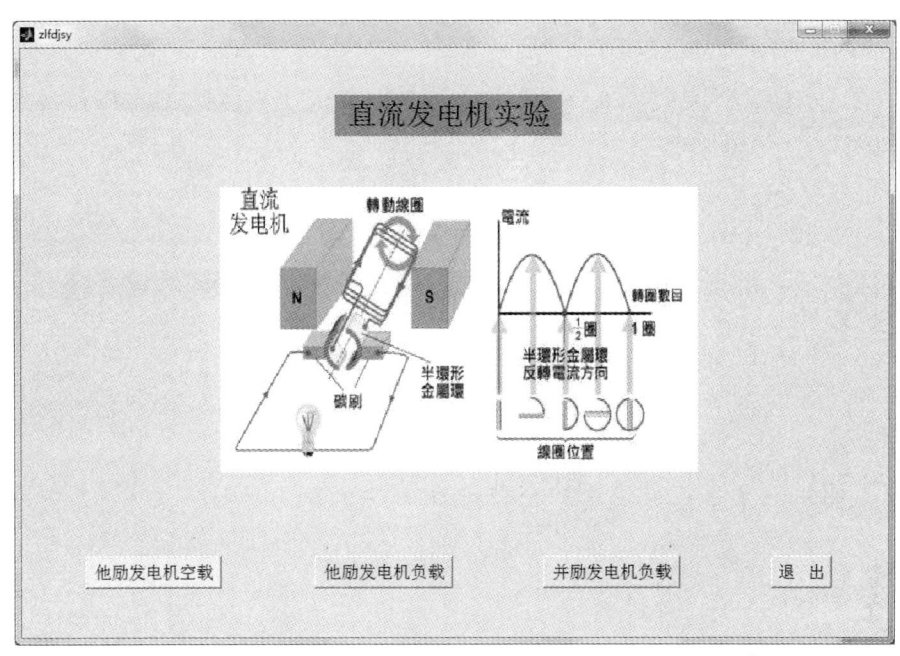

图 2-31 "直流发电机实验"界面

(一)他励发电机空载实验

单击"他励发电机空载"按钮,进入"他励发电机空载实验"界面,如图 2-32 所示。

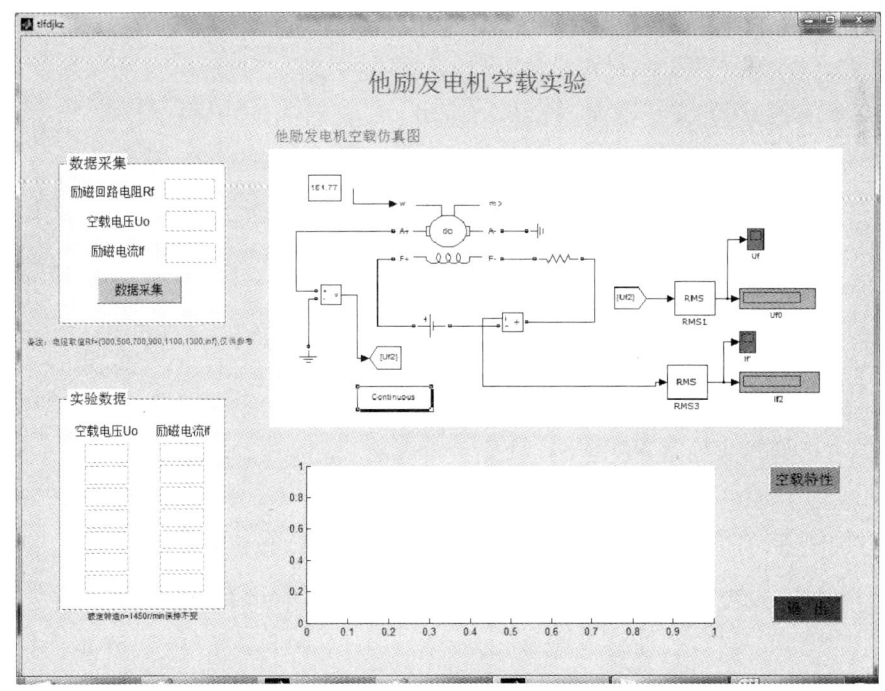

图 2-32 "他励发电机空载实验"界面

给定转速 1 450r/min 和励磁电压 U_f = 230 V 保持不变。改变"励磁电阻 Rf"（建议从 300 Ω开始，每次增加 200 Ω，最后一个值取"inf"），得到空载电压和励磁电流，并将数据填入"实验数据"一栏。单击"空载特性"按钮得到空载特性曲线，运行结果如图 2-33 所示。

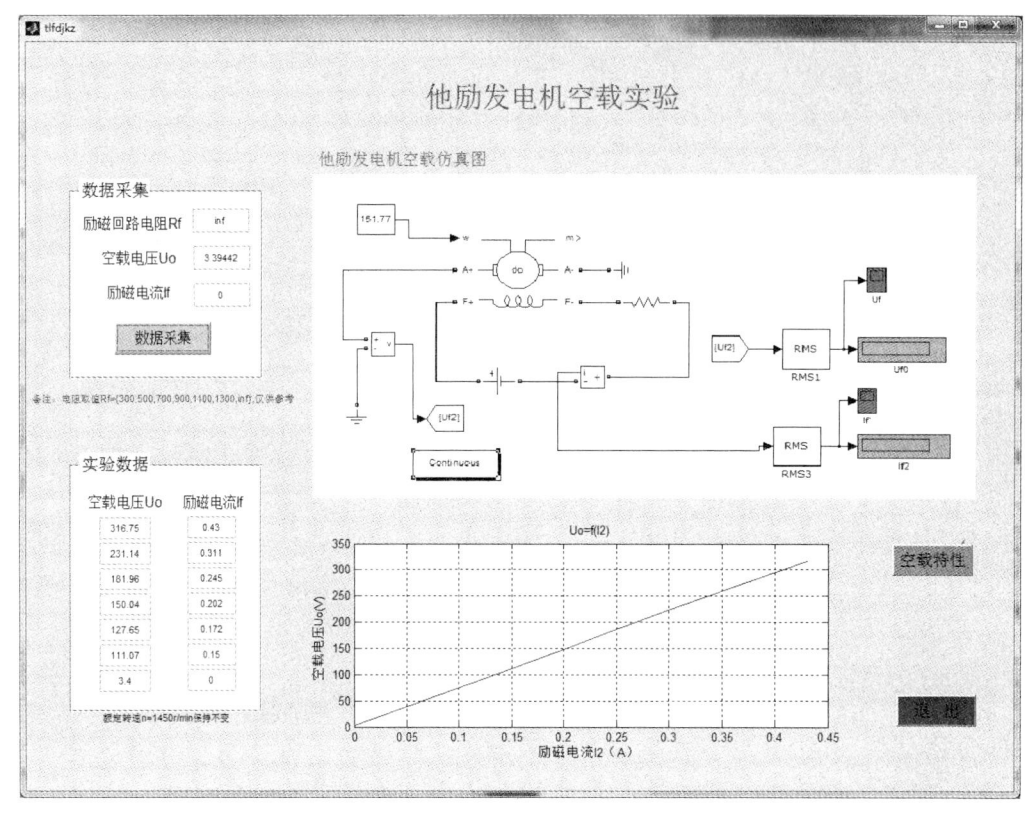

图 2-33 他励发电机空载实验运行结果

（二）他励发电机负载实验

单击"他励发电机负载"按钮进入"他励发电机负载实验"界面，如图 2-34 所示。该实验包括了负载外特性实验和调整特性实验。

调整特性试验要求在电机转速 1 450r/min 以及输出电压额定 230 V 不变的条件下，逐渐增加"负载电阻 RL"，改变"励磁电阻 Rf"（可依次设定 RL = {30，40，50，60，70，80，100}，Rf = {401，424，438，448，456，461，469}，仅供参考），使得电压基本控制在 230 V，得到励磁电流和负载电流，并填入对应的"实验数据"中，单击"调整特性"按钮，得到实验结果，如图 2-35 所示。

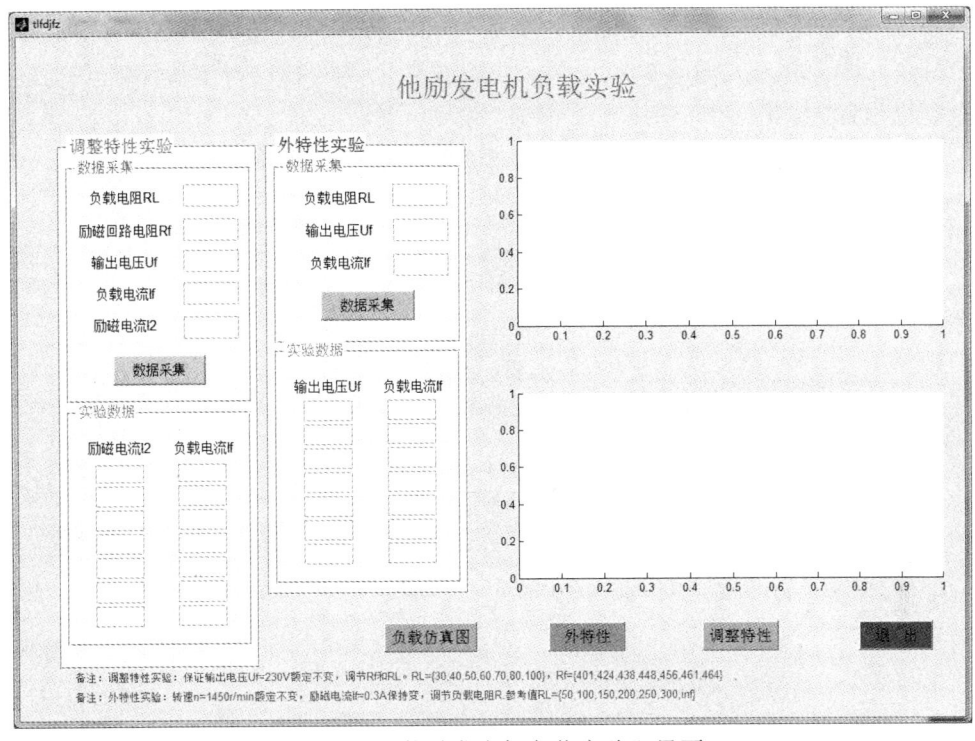

图 2-34 "他励发电机负载实验"界面

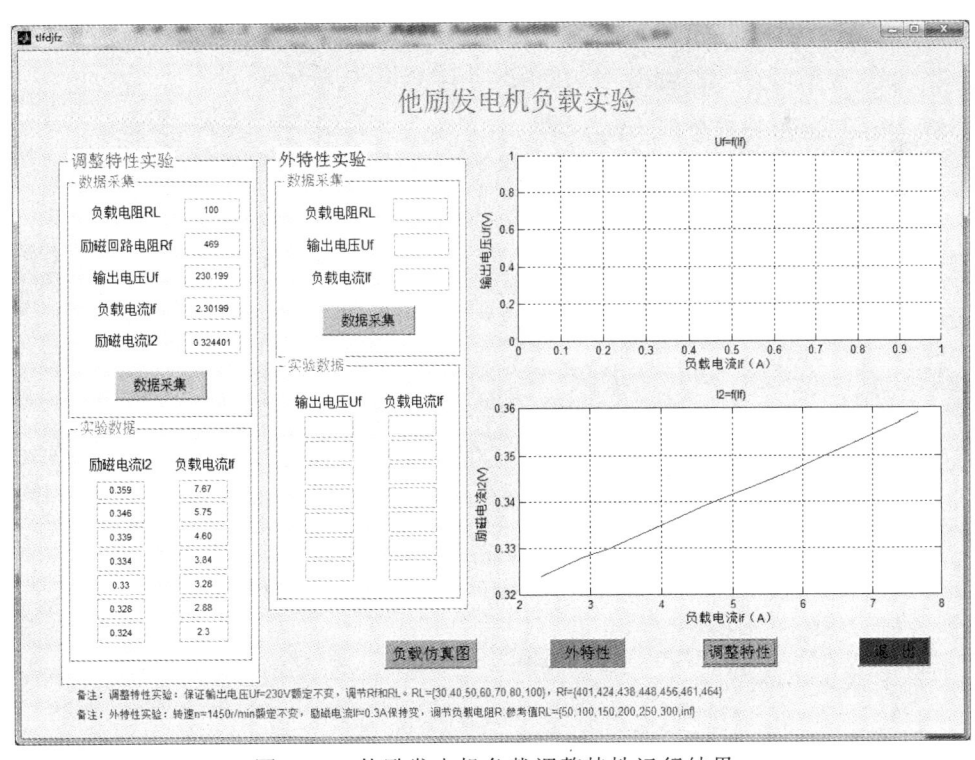

图 2-35 他励发电机负载调整特性运行结果

115

外特性实验，要求转速和励磁电流保持不变，逐渐增大"负载R2"（可设定RL = {50，100，150，200，250，300，inf}，仅供参考），测得输出电压和负载电流，并填入对应的"实验数据"中，单击"外特性"按钮，得到实验结果如图2-36所示。

单击"负载仿真图"按钮可得到仿真模型图，如图2-37所示。

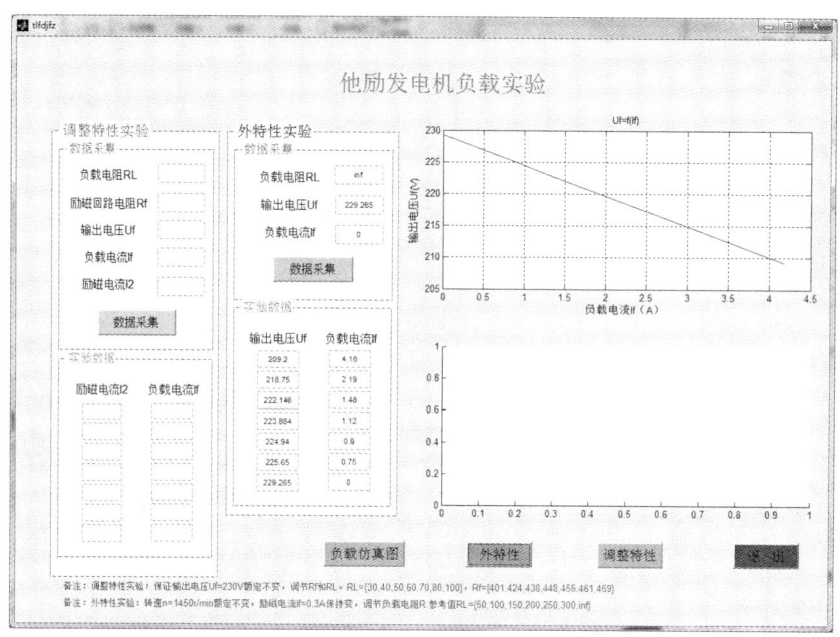

图2-36 他励发电机负载外特性运行结果

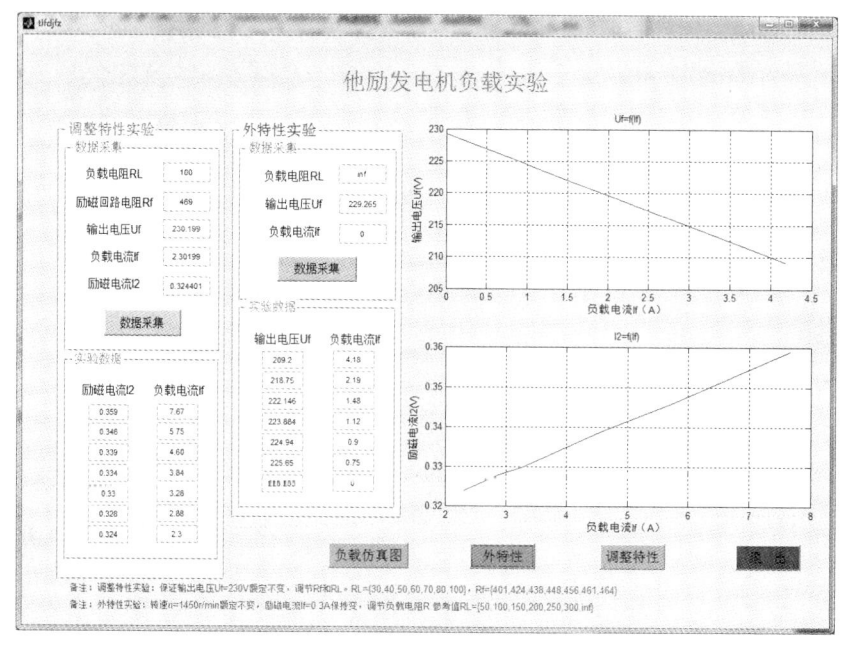

图2-37 他励发电机负载运行结果

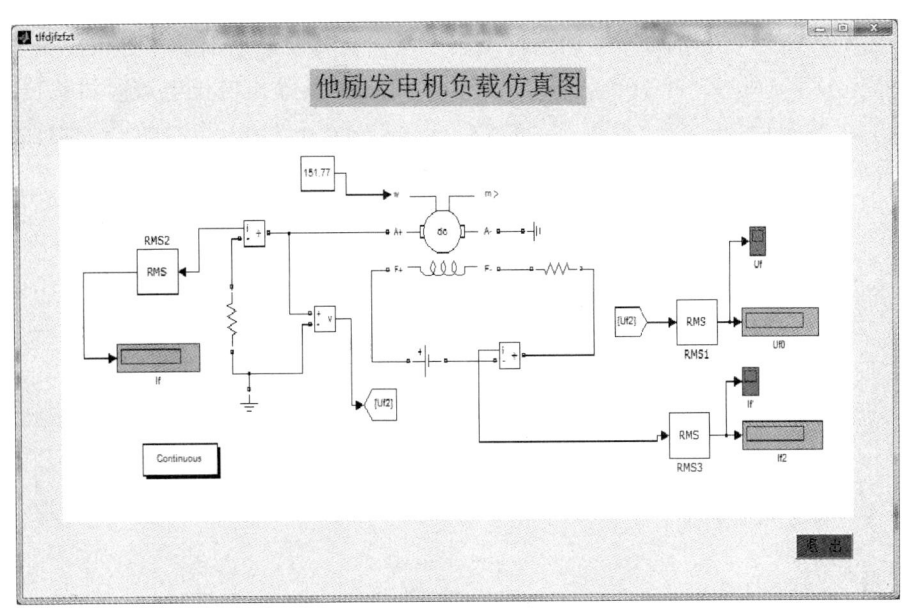

图 2-37 他励发电机负载仿真模型

单击红色"退出"按钮,退出该实验。

(三)并励发电机负载实验

单击"并励发电机负载"按钮进入"并励发电机负载实验"界面,如图 2-38 所示。

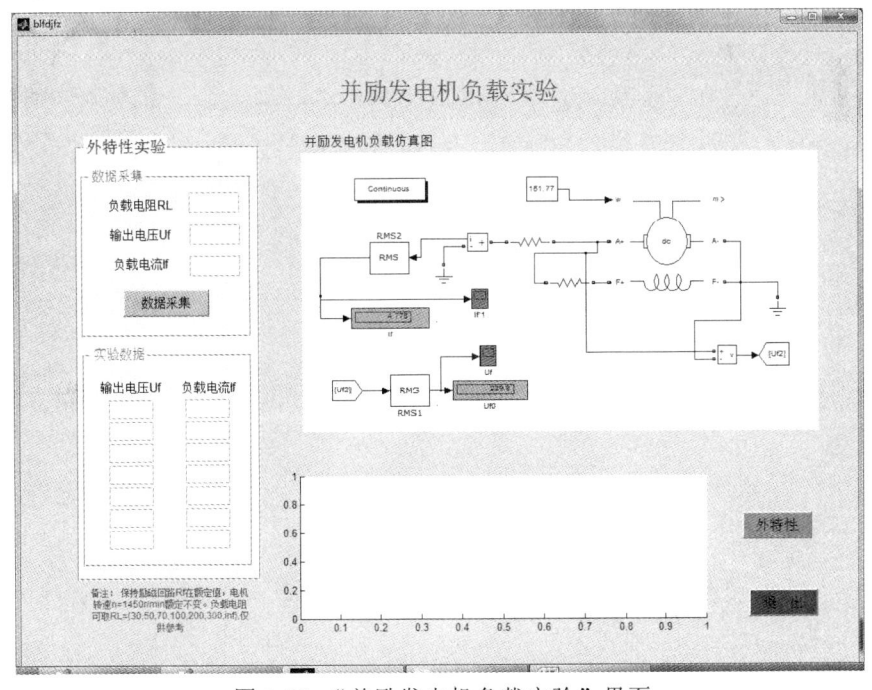

图 2-38 "并励发电机负载实验"界面

在额定转速 1 450r/min 不变的条件下逐渐增加"负载电阻 RL"（可依次设定 RL = {30，50，70，100，200，300，inf}，仅供参考），得到输出电压电流。将输出电压电流填入"实验数据"一栏，单击"外特性"按钮，得到并励发电机负载外特性曲线，如图 2-39 所示。

单击"退出"按钮，退出该实验。

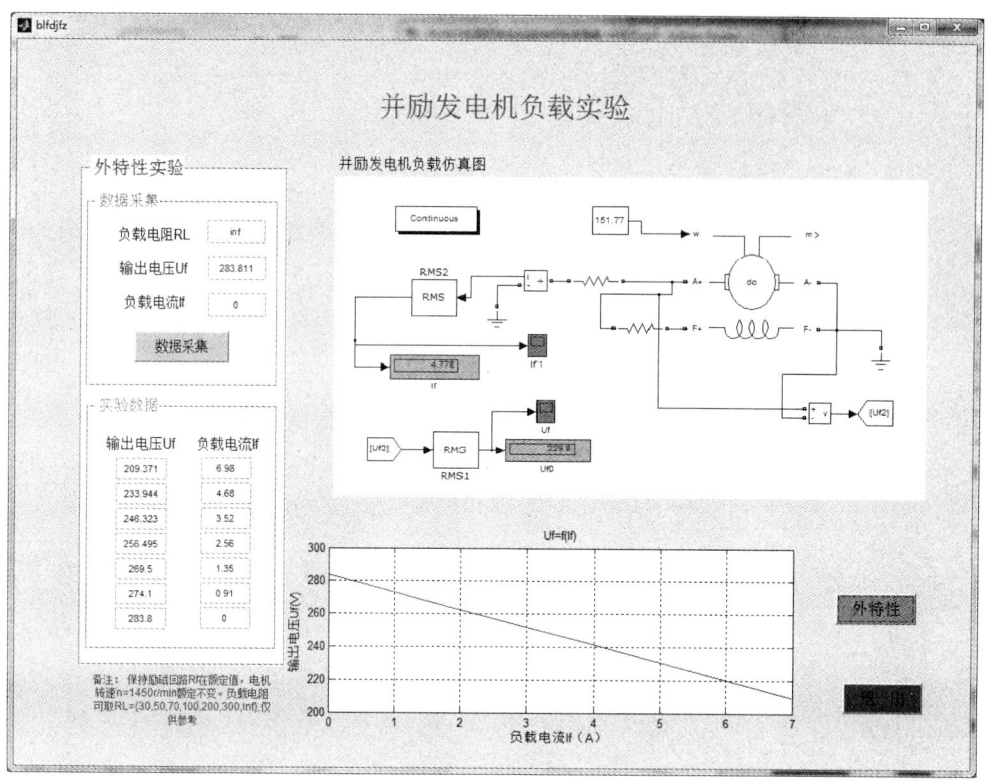

图 2-39　并励发电机负载外特性曲线

实验 5　直流电动机实验

一、实验目的

1. 掌握用实验的方法测定并励直流电动机的工作特性和调速特性。
2. 掌握并励直流电动机的调速方法。

二、实验内容

（一）测定并励直流电动机的固有（自然）工作特性

在保持电动机端电压 $U_D = U_N$ 和励磁电流 $I_{f1} = I_{f1N}$ 的条件下，测取电动机的转速特性 $n = f(I_a)$、转矩特性 $T = f(I_a)$ 和效率特性 $\eta = f(I_a)$。

（二）测定并励直流电动机的调速特性

1. 改变电动机电枢电压 U_a 调速是在保持电动机端电压 $U_D = U_N$、励磁电流 $I_{f1} = I_{f1N}$ 不变以及输出转矩 T_2 为常数条件下，测取电动机的调速特性 $n = f(U_a)$。

2. 改变电动机励磁电流 I_{f1} 调速是在保持电动机端电压 $U_D = U_{DN}$、输出转矩 T_2 不变的条件下，测取电动机的调速特性 $n = f(I_{f1})$。

三、实验步骤

单击实验首页界面的"直流电动机"按钮，进入"直流电动机实验"界面，如图 2-40 所示。直流电动机实验包括：负载实验、降压调速实验、变励磁调速实验。

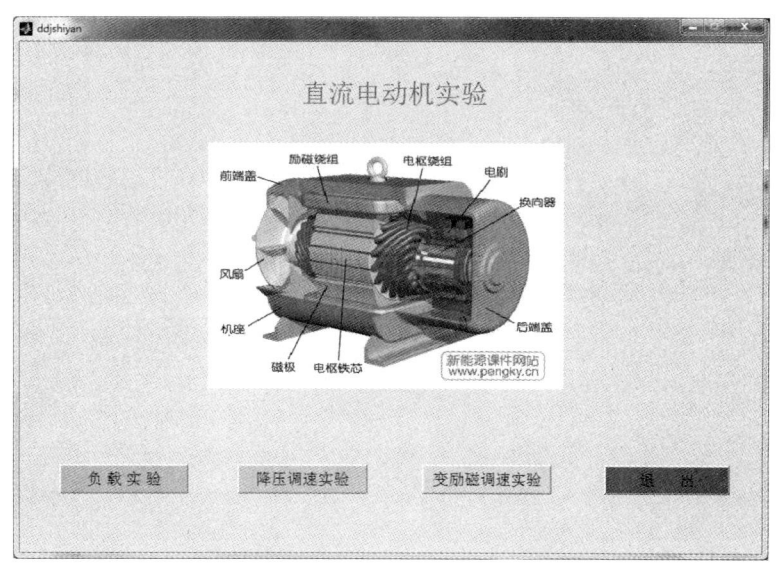

图 2-40　"直流电动机实验"界面

(一)直流电动机负载实验

单击"负载实验"按钮进入"直流电动机负载实验"界面,如图 2-41 所示。

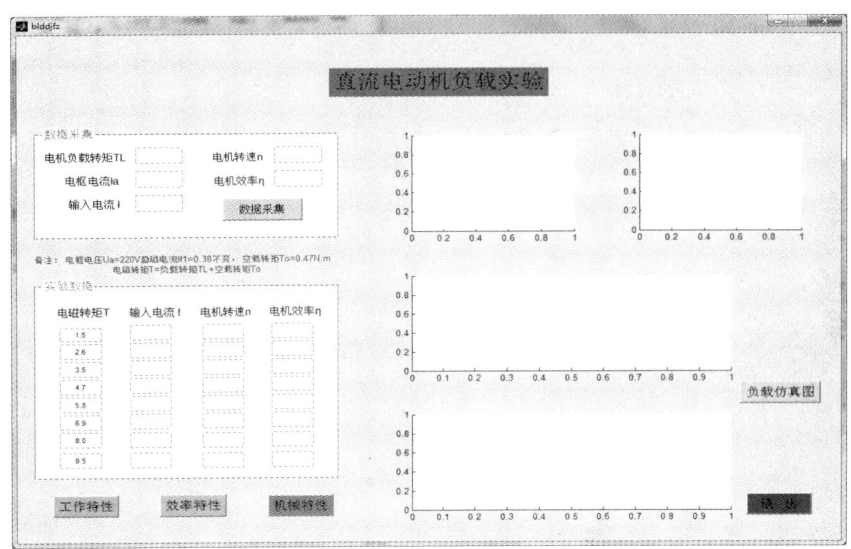

图 2-41 "直流电动机负载实验"界面

逐渐增加"电机负载转矩 TL"("实验数据"中给处了电磁转矩 T 的取值参考值,仅供参考),得到电流转速以及电机效率等值,填入"实验数据"库,单击的"工作特性"按钮,得到电动机工作特性曲线,如图 2-42 所示。

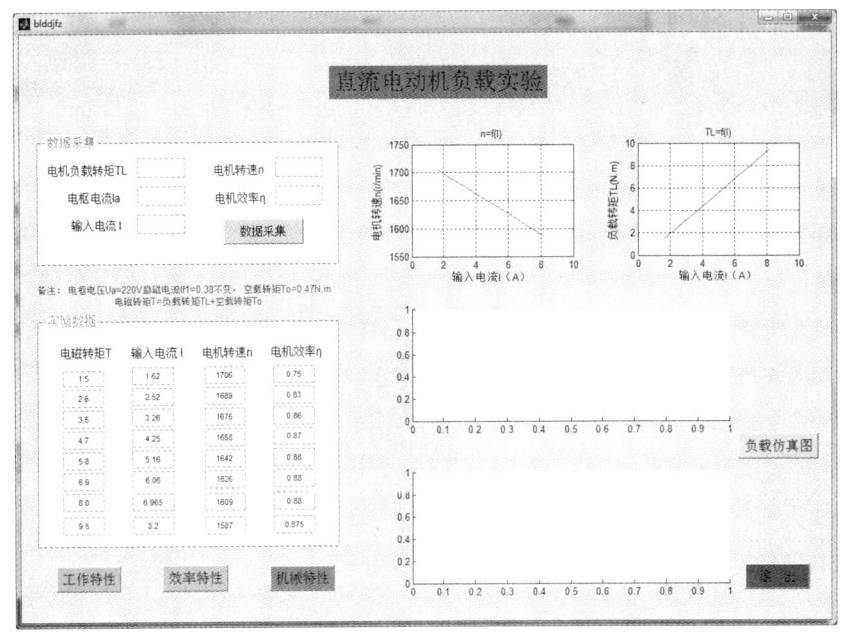

图 2-42 直流电动机负载工作特性

单击"效率特性"按钮,得到效率特性曲线,如图 2-43 所示。

单击"机械特性"按钮,得到电动机机械特性曲线,如图 2-44 所示。

最终直流电动机负载运行总的结果如图 2-45 所示。

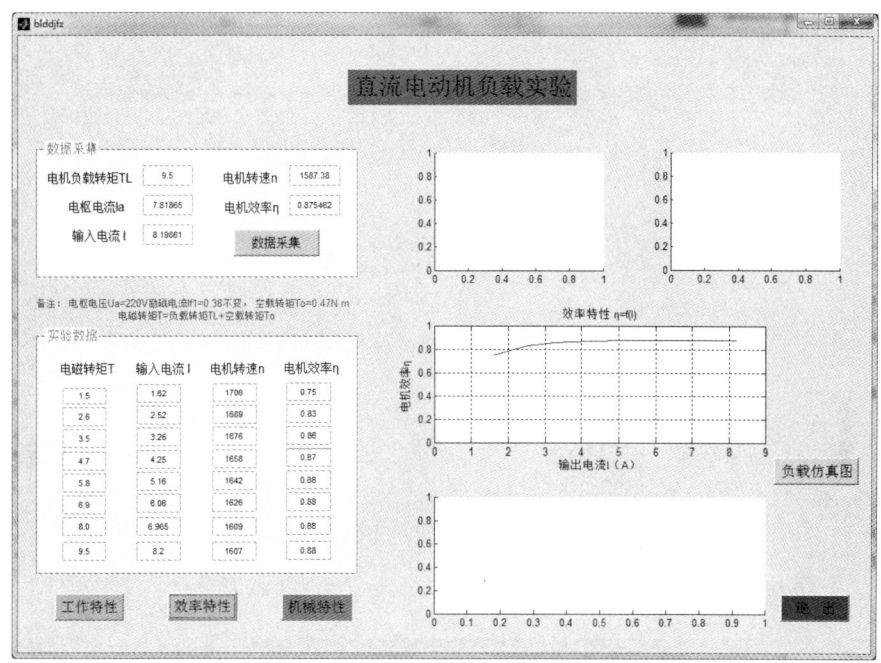

图 2-43　直流电动机负载效率特性

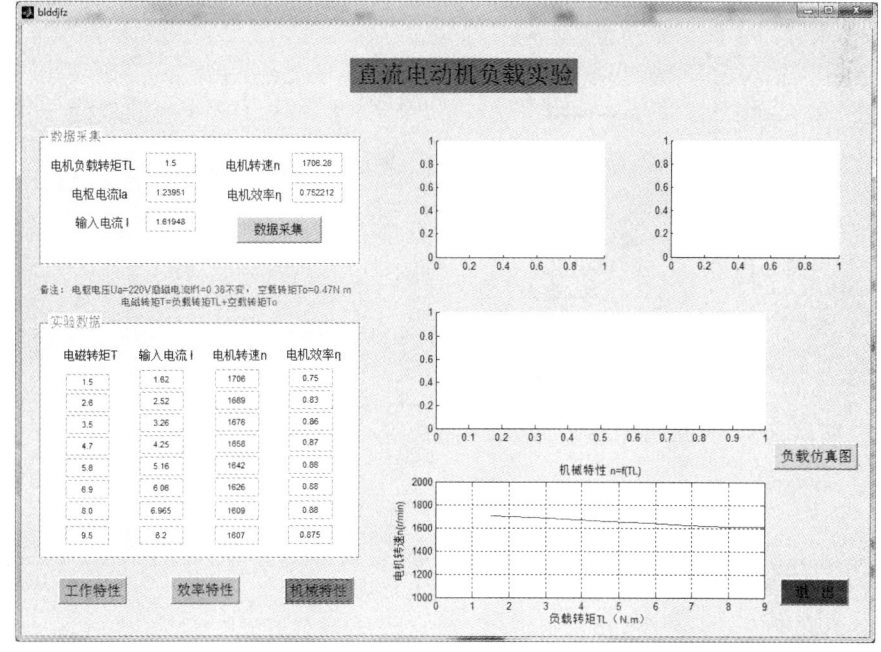

图 2-44　直流电动机负载机械特性

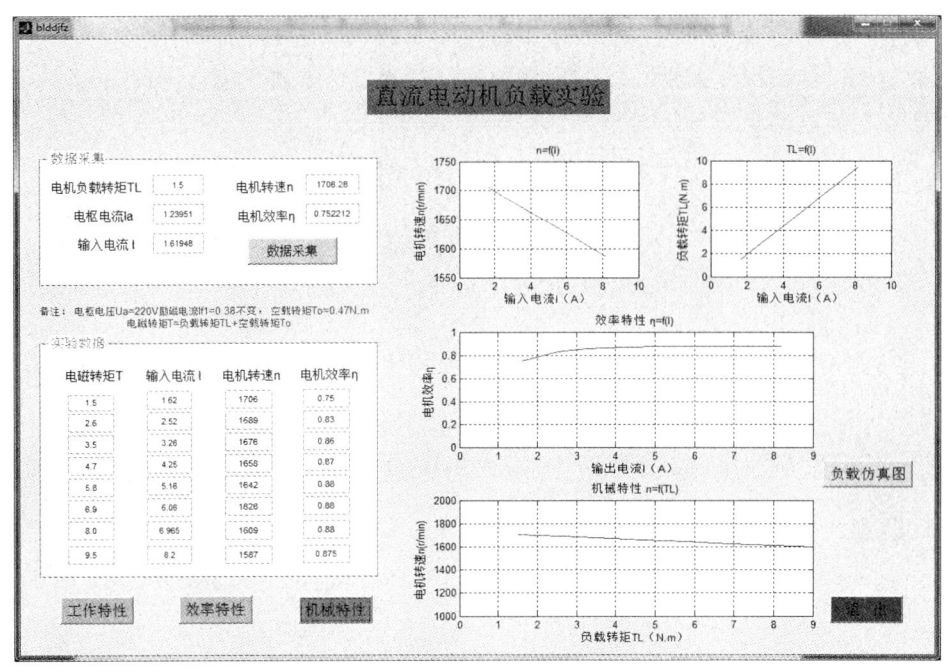

图 2-45　直流电动机负载实验运行总结果

单击"负载仿真图"按钮得到仿真模型，如图 2-46 所示。

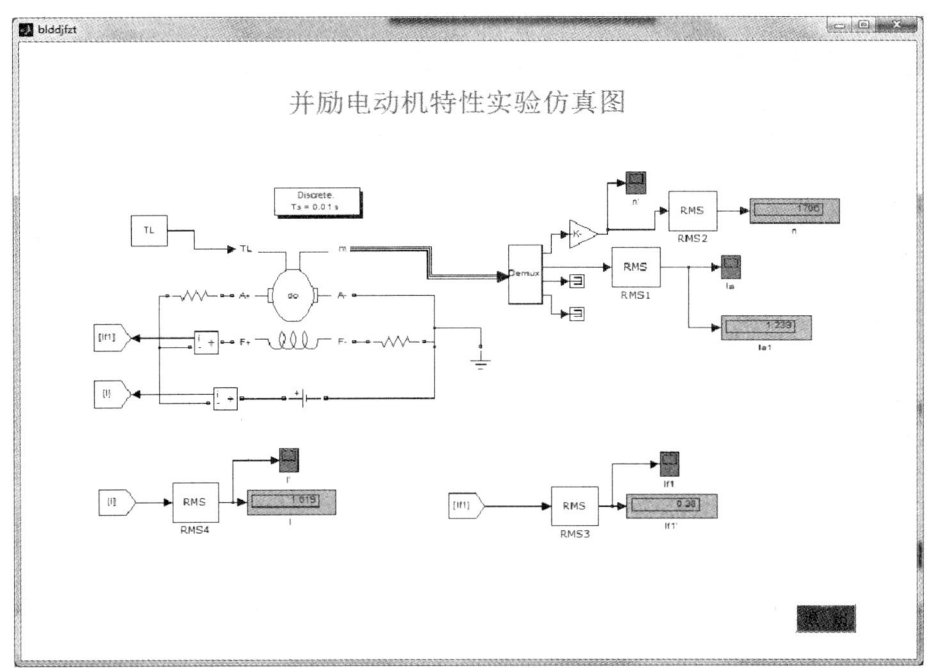

图 2-46　直流电动机负载仿真模型

单击"退出"，关闭该实验。

(二)直流电动机降压调速实验

改变电机电枢端的电压,测量电机转速以及电枢电流输出电流。图 2-47 为"直流电动机降压调速实验"界面。

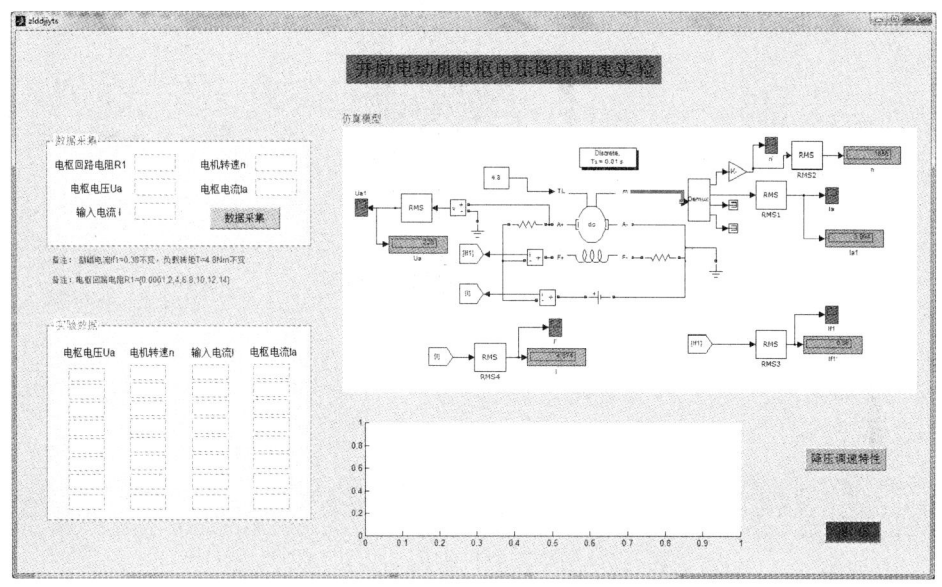

图 2-47 "直流电动机降压调速实验"界面

逐渐增加"电枢回路电阻 R1"(可依次设定 R1 = {0.000 1,2,4,6,8,10,12,14},仅供参考)来调节电压。将运行结果填入"实验数据"中,单击"降压调速特性"按钮得到降压调速特性曲线,其结果如图 2-48 所示。

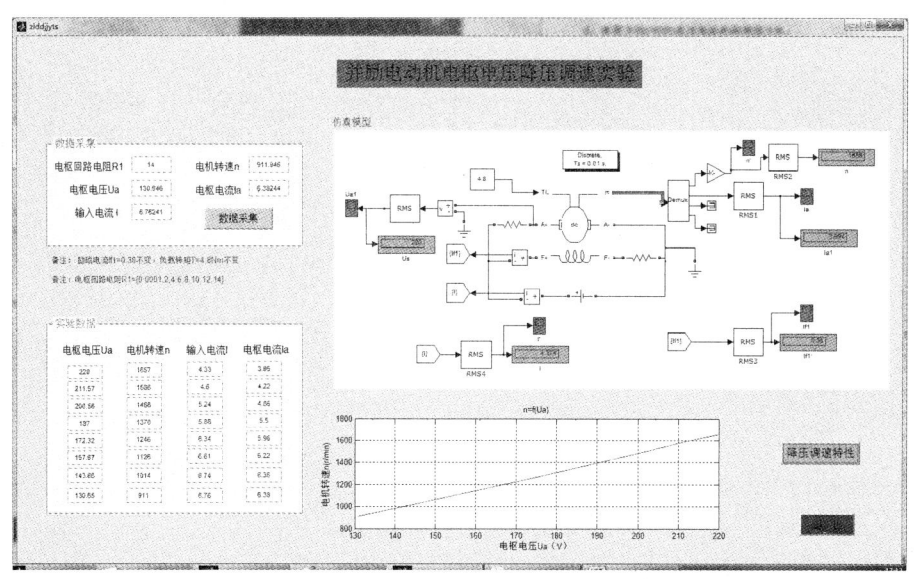

图 2-48 直流电动机电枢电压降压调速实验运行结果

（三）变励磁调速实验

改变励磁回路电阻来改变励磁电流。保持电枢电压 230 V 和转速 1 450 r/min 额定不变。"并励电动机变励磁调速实验"界面如图 2-49 所示。

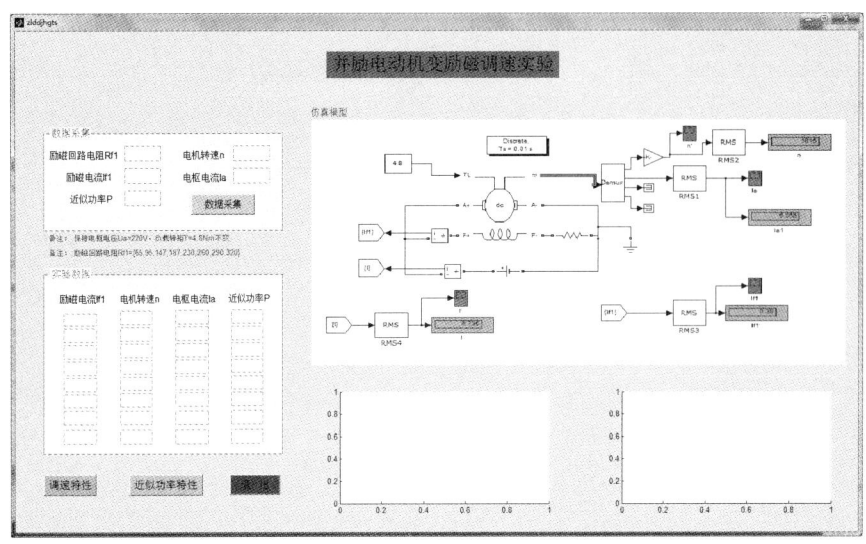

图 2-49 "并励电动机变励磁调速实验"界面

逐渐增加"励磁回路电阻 Rf1"的取值（可依次设定 Rf1 = {65，95，147，187，230，260，290，320}，仅供参考），观察励磁电流。将运行结果填入"实验数据"，运行结果如图 2-50 所示。

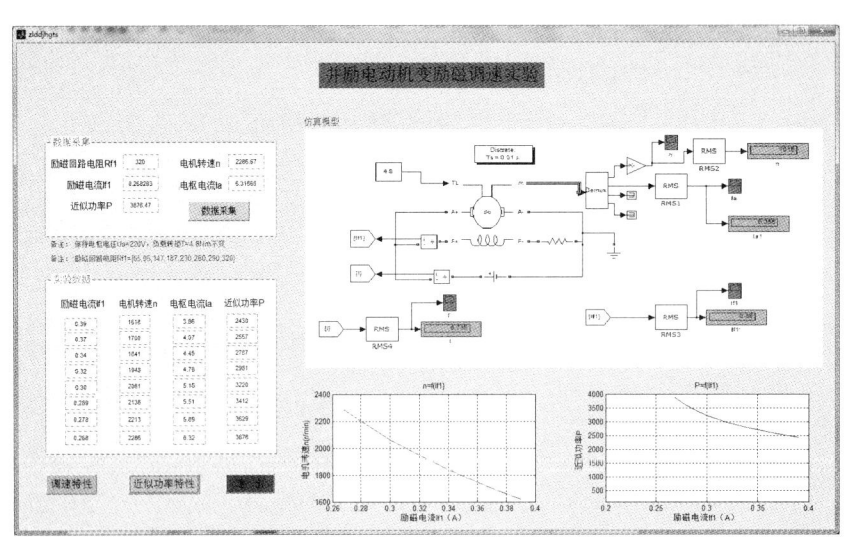

图 2-50 并励电动机变励磁调速实验运行结果

单击"退出"，关闭该实验。

实验 7 三相鼠笼异步电动机工作特性

一、实验目的

1. 掌握三相异步电机的空载、堵转和负载实验的方法。
2. 测取三相鼠笼异步电动机的工作特性。
3. 测定三相笼型异步电动机的参数。

二、实验内容

1. 作空载特性曲线：I_0、$P_0 = f(U_0)$。
2. 作短路特性曲线：I_K、$P_K = f(U_K)$。
3. 分别作特性曲线 P_1、I_1、n、η、s、$\cos\varphi_1 = f(P_2)$。

三、实验步骤

图 2-51 所示为"三相鼠笼异步电动机工作特性实验"界面，包括空载实验、短路实验和负载实验。

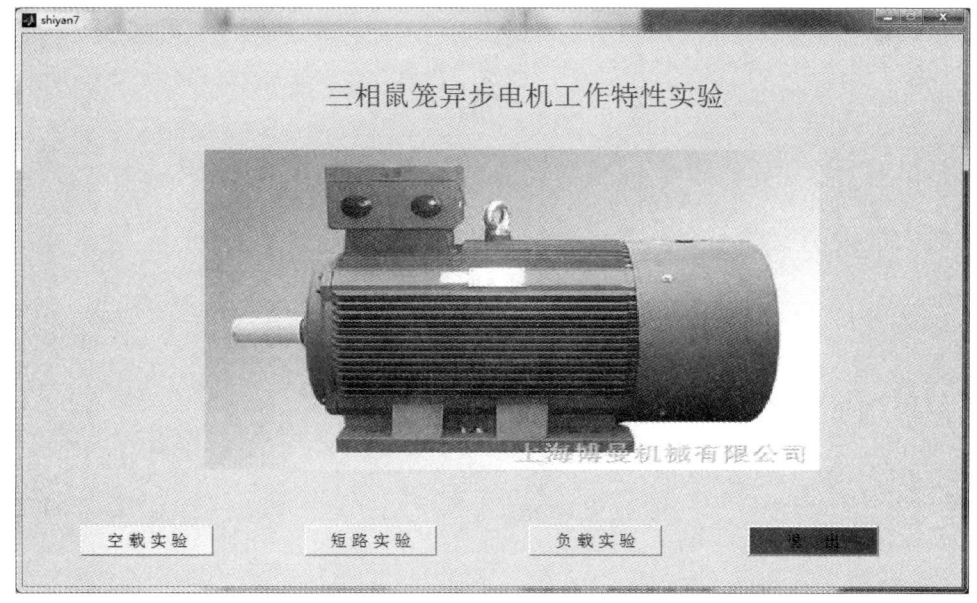

图 2-51 三相鼠笼异步电动机工作特性实验

（一）空载实验

三相鼠笼异步电动机空载实验与单相变压器实验操作类似。单击"空载实验"按钮，进入"三相鼠笼电机空载实验"界面，如图 2-52 所示。

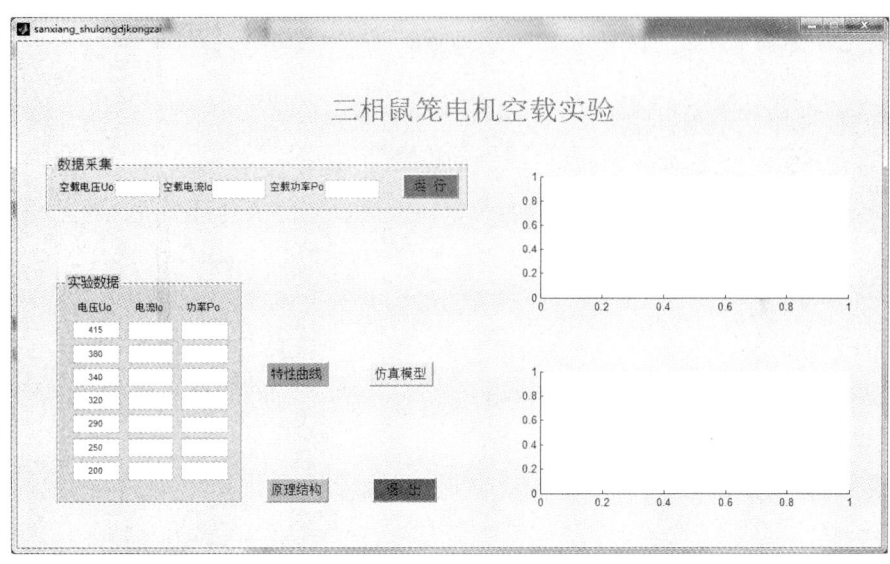

图 2-52 "三相鼠笼电机空载实验"界面

该实验主要是改变电机的输入电压 U_O，观察记录输出电流和输出功率的大小。仿真时，先进行数据采集，在"输入电压 U_O"一栏输入电压（可参照"实验数据"电压 U_O 数值给定），然后单击"运行"按钮进行仿真，输出结果如图 2-53 所示。

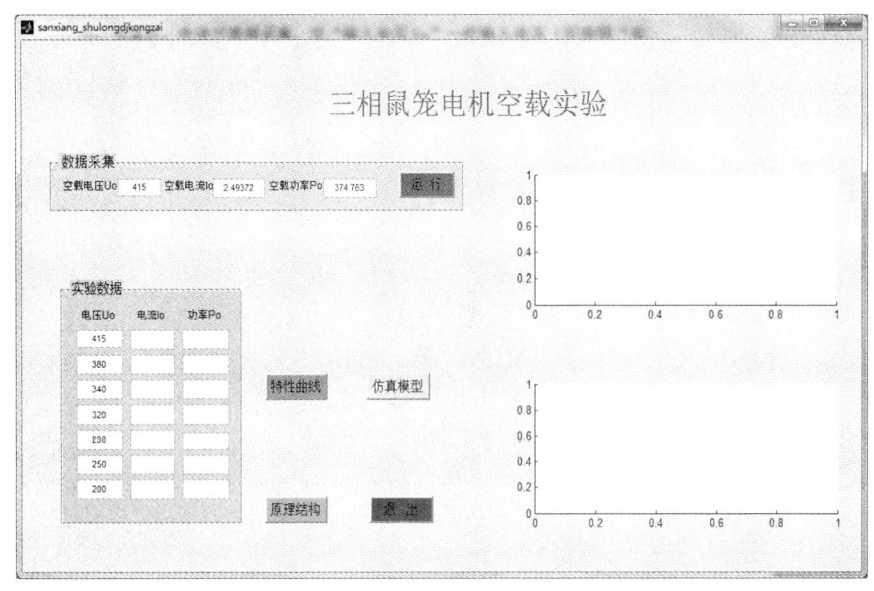

图 2-53 三相鼠笼异步电动机空载实验运行输出结果

将"输出电流 Io""输出功率 Po""空载电压 Uo"显示的结果输入实验数据中,再改变"输入电压 Uo"运行,进行 7 组实验。将实验数据空格填满。单击"实验结果"按钮,计算出励磁阻抗参数,并绘出空载特性曲线,如图 2-54 所示。

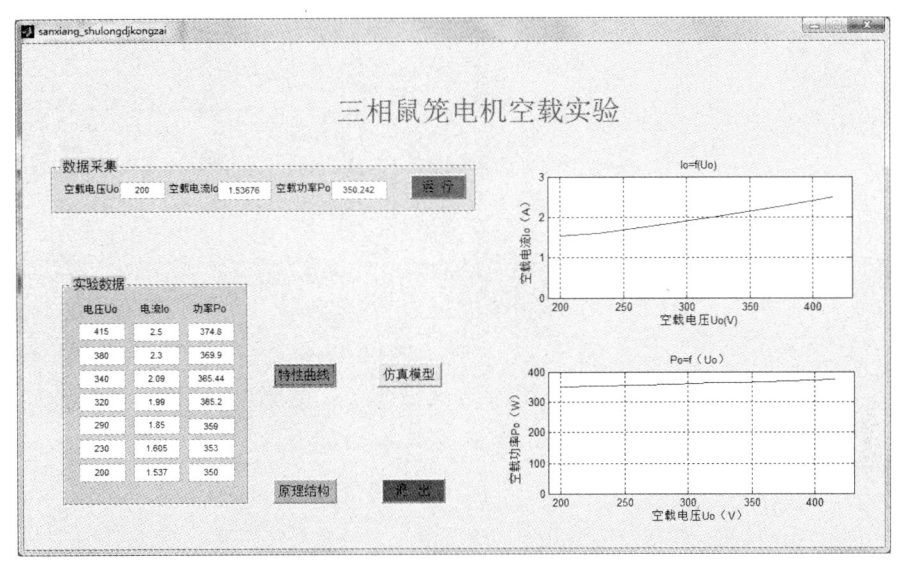

图 2-54　三相鼠笼异步电动机空载运行结果

实验时可任意更改"输入电压 Uo",观察实验结果。(仿真时间需要耗时数秒,请耐心等待)。

单击"仿真模型"和"原理结构"按钮将得到三相鼠笼异步电机空载试验的仿真模型图和实验原理机构图,如图 2-55 所示。

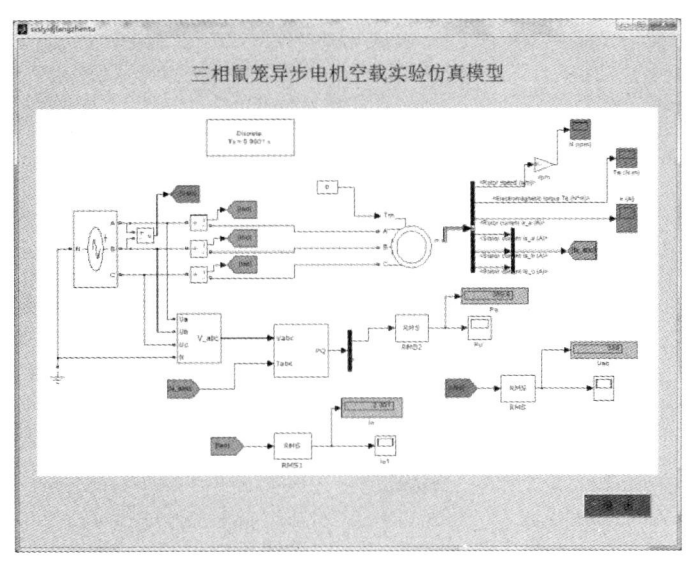

(a)仿真模型图

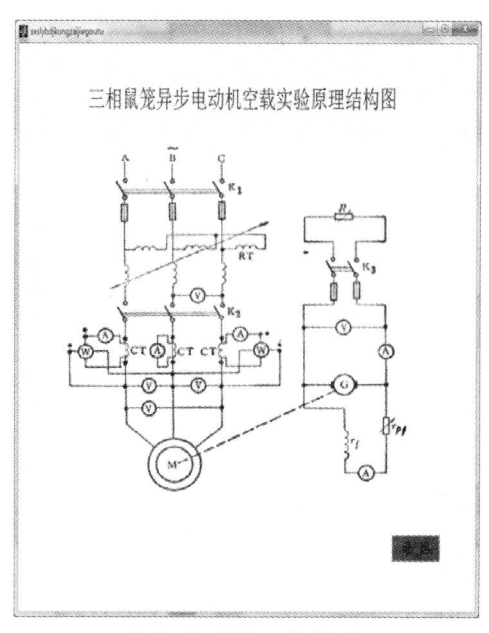

(b)实验原理结构图

图 2-55 空载仿真模型图与实验原理结构图

单击红色"退出"按钮,退出该实验。

(二)短路实验

单击三相鼠笼异步电动机实验的"短路实验"按钮进入"三相鼠笼电机短路实验"界面,如图 2-56 所示。

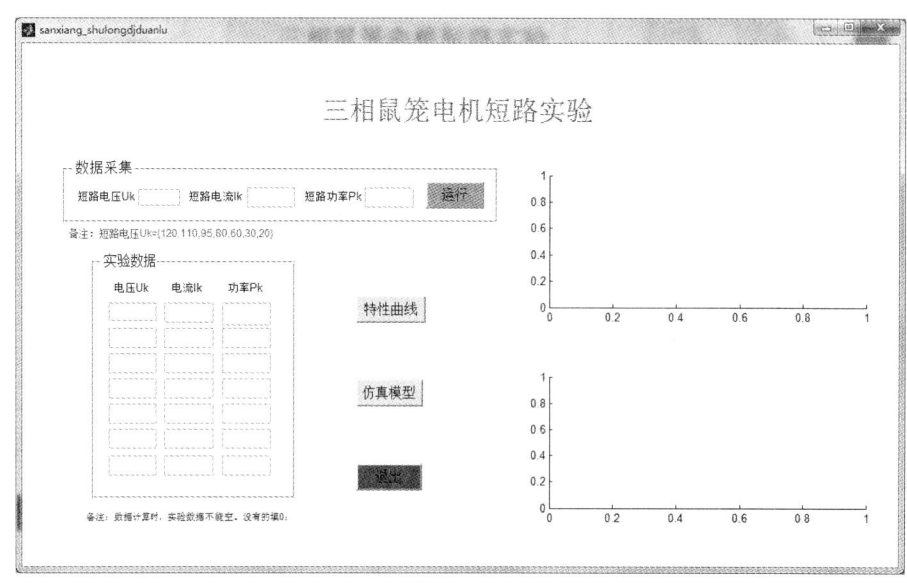

图 2-56 "三相鼠笼电动机短路实验"界面

该实验主要是逐渐增大电机输入电压 U_k，观察短路输出电流的大小，使电流在 0 ~ 4.5 A 内，测量电机短路电压 U_k、电流 I_k 以及功率 P_k。取 7 组数据。在仿真时，先进行数据采集，在"输入电压 Uk"一栏输入电压（可参照备注所给参数赋值），然后单击"运行"进行仿真，并将输出结果填入"实验数据"中，单击"特性曲线"得到实验结果，如图 2-57 所示。

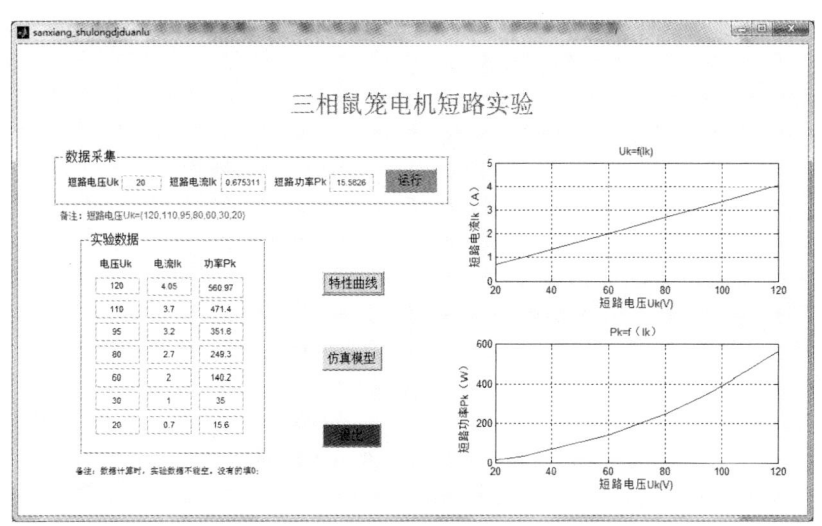

图 2-57　三相鼠笼电动机短路实验运行结果

三相鼠笼异步电动机短路实验仿真模型如 2-58 所示。

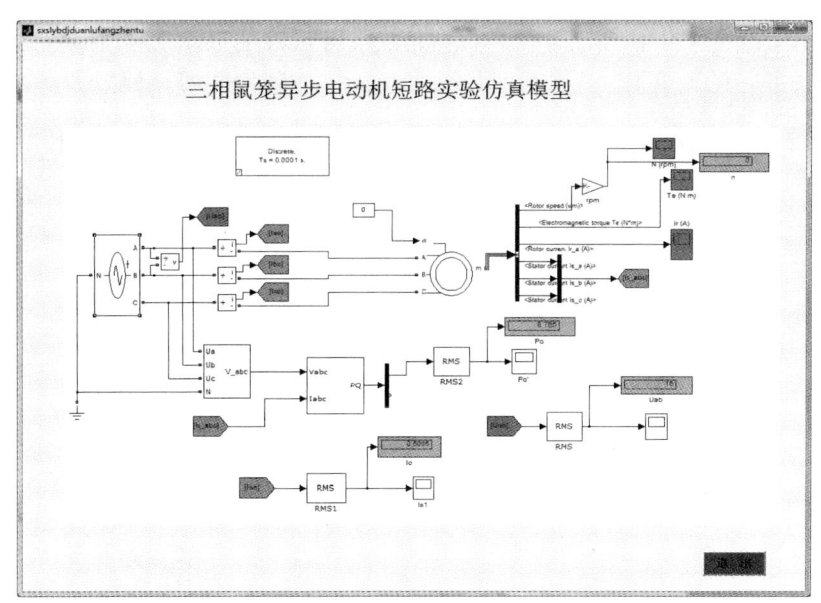

图 2-58　三相鼠笼异步电动机短路实验仿真模型图

单击红色"退出"按钮，退出该实验。

（三）负载实验

单击三相鼠笼电动机实验的"负载实验"按钮进入"三相鼠笼电机负载实验"界面，如图 2-59 所示。

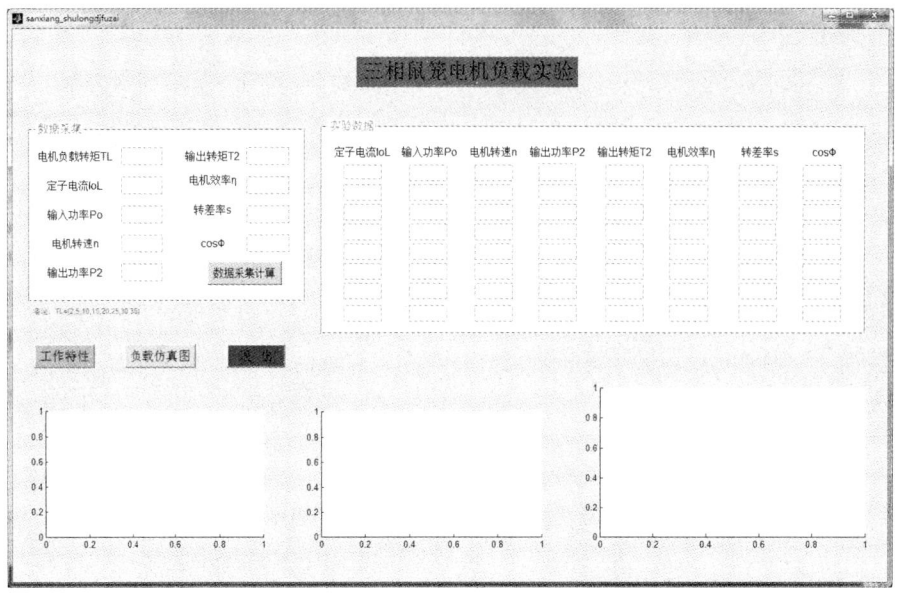

图 2-59 "单相鼠笼电机负载实验"界面

逐渐增大"电机负载转矩 TL"的值（可参考 TL = {2，5，10，15，20，25，30，35}），单击"数据采集计算"按钮，得到相应的电机转速电流功率等数据，将结果填入"实验数据"栏，单击"工作特性"按钮得到工作特性曲线，如图 2-60 所示。

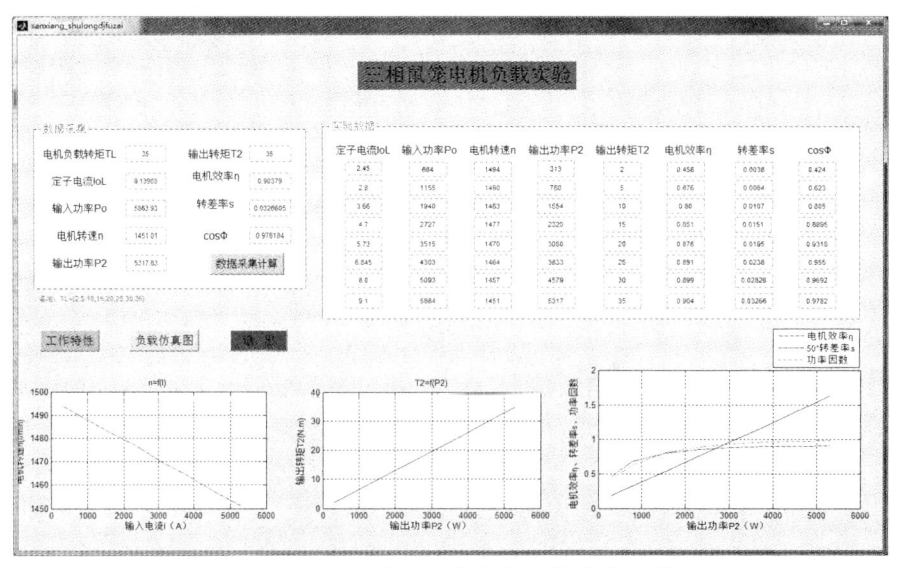

图 2-60 三相鼠笼电机负载特性实验结果

三相鼠笼电机负载实验仿真模型图如图 2-61 所示。

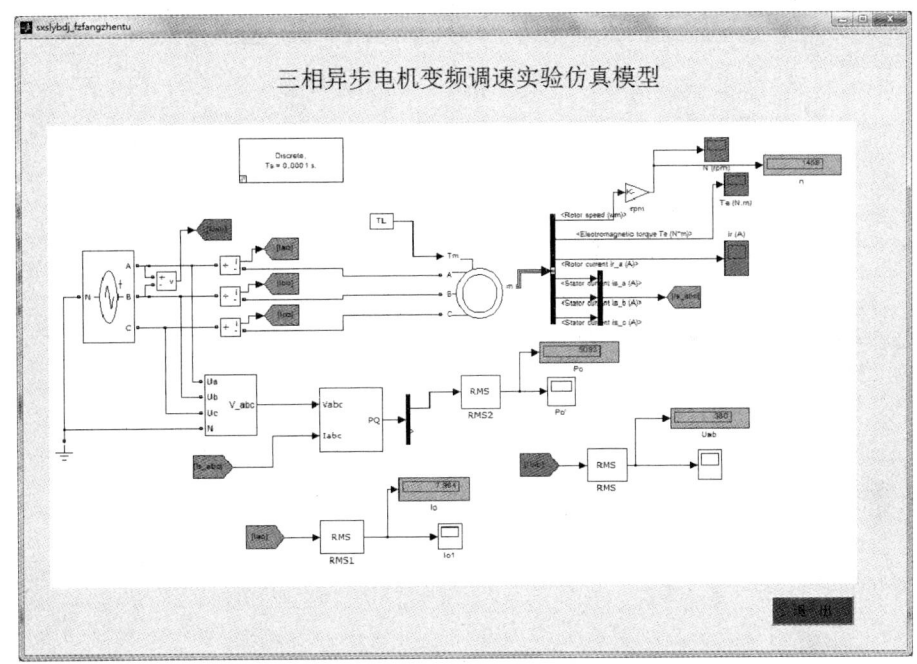

图 2-61　三相鼠笼电机负载实验仿真模型图

单击红色"退出"按钮，退出该实验。

实验 8 三相异步电机变频调速实验

一、实验目的

1. 掌握三相异步电动机的变频启动原理。
2. 掌握三相异步电动机的变频调速方法。

二、实验内容

1. 三相异步电动机的变频启动。
2. 三相异步电动机的变频调速。
（1）作出补偿后的 U-f 曲线。
（2）作出恒转矩调速的 P_L-f 曲线。

三、实验步骤

单击电机学虚拟实验"实验 8 三相异步电机变频调速实验"进入图 2-62 所示的"三相异步电机变频调速实验"界面。

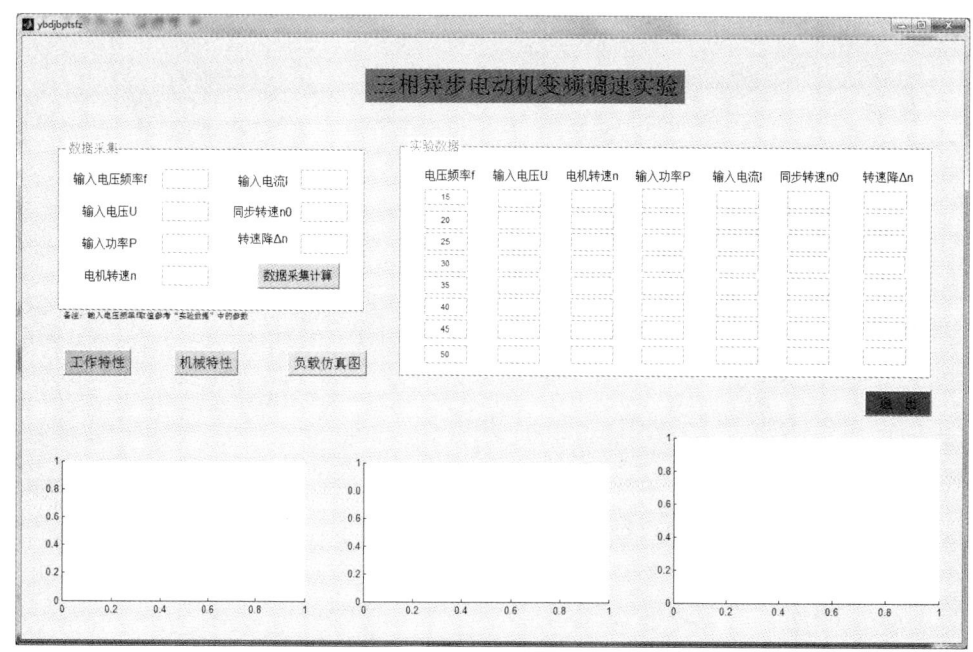

图 2-62 "三相异步电机变频调速实验"界面

改变电压频率，观察异步电机的工作特性和机械特性。逐渐增大电压频率，可参照"实验数据"中给出的数值。单击"数据采集计算"按钮，得到电压、转速、功率、电流等值，填入实验数据中。单击"工作特性"按钮得到三相异步电动机变频调速的工作特性曲线，如图2-63所示。

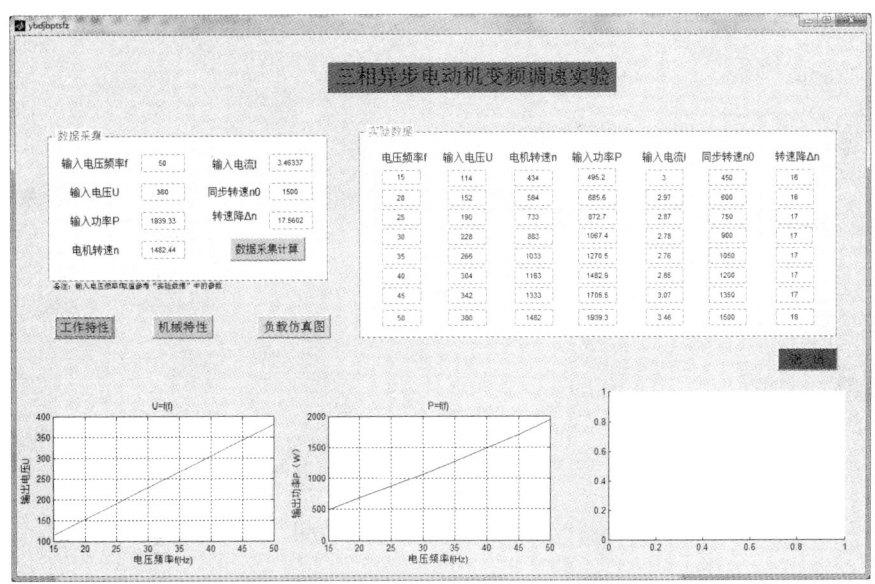

图2-63 三相异步电机变频调速实验工作特性曲线

单击"机械特性"按钮得到三相异步电动机变频调速的机械特性曲线，如图2-64所示。最终三相异步电动机变频调速实验运行结果得到的特性如图2-65所示。

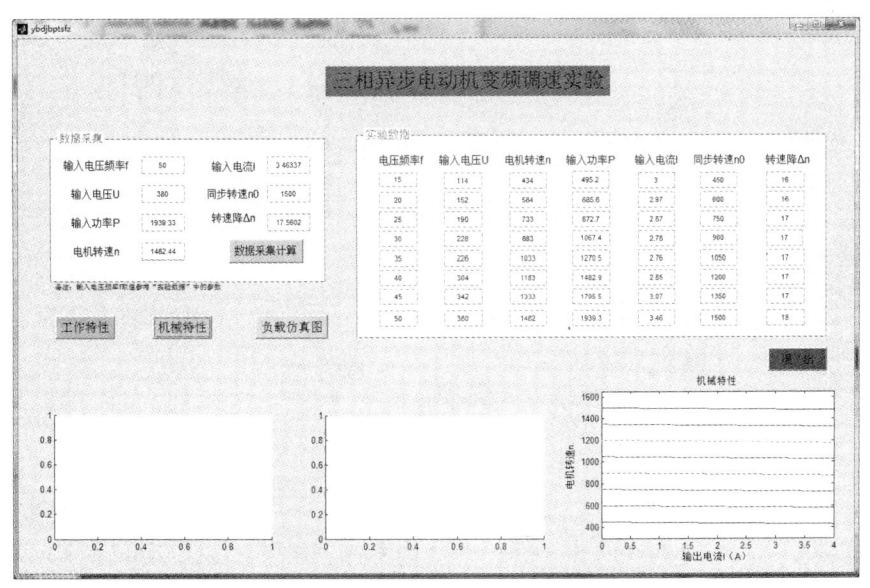

图2-64 三相异步电机变频调速实验机械特性曲线

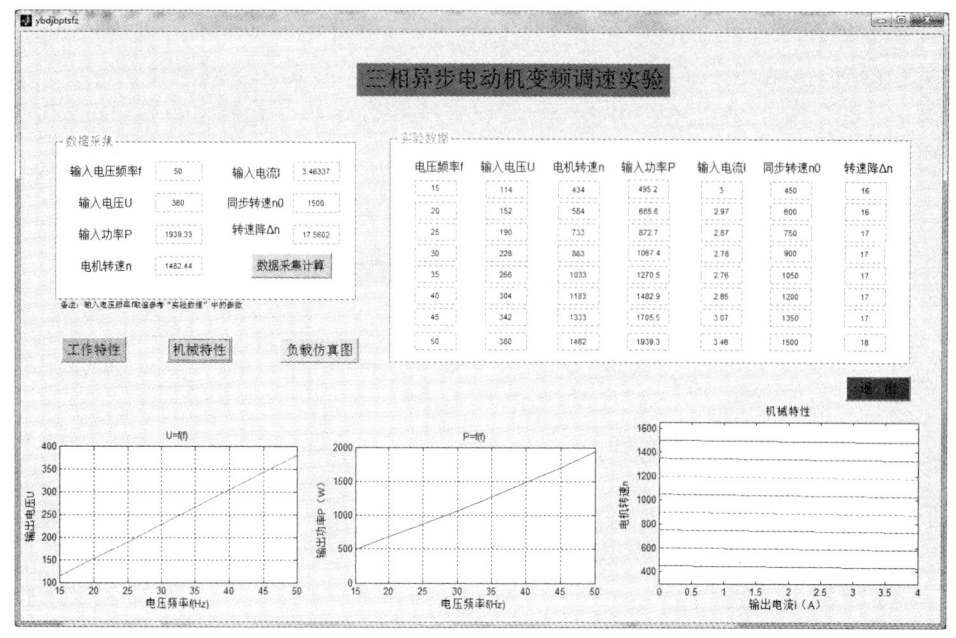

图 2-65　三相异步电机变频调速实验特性曲线

单击"负载仿真图"按钮，可得到三相异步电动机变频调速实验的仿真模型图，如图 2-66 所示。

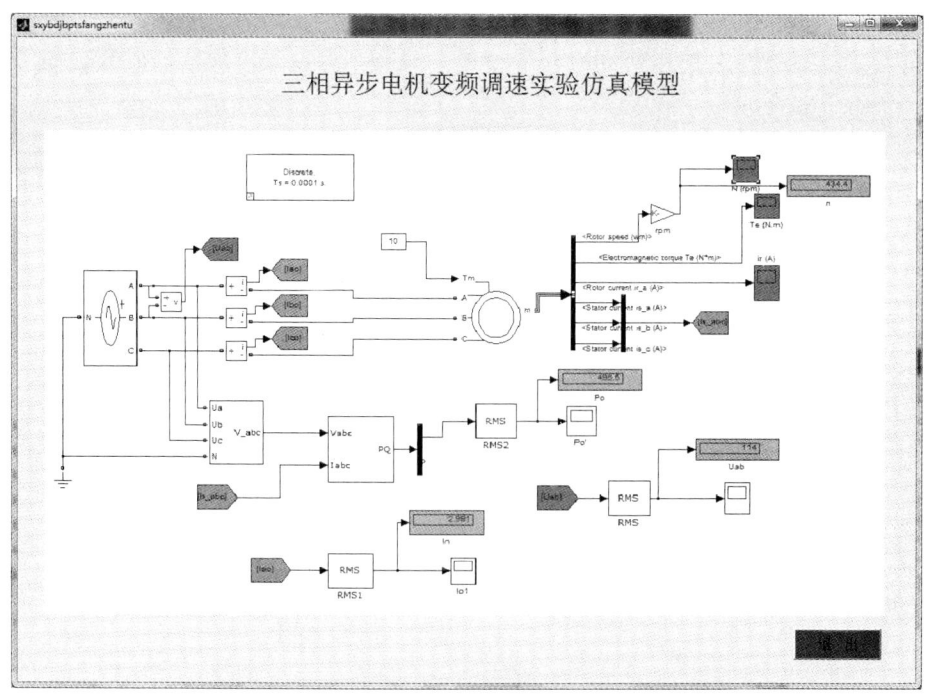

图 2-66　三相异步电机变频调速实验仿真模型

实验 9　三相同步发电机运行特性

一、实验目的

用实验方法测取同步发电机在对称负载下的运行特性。

二、实验内容

1. 空载实验。
2. 三相短路实验。
3. 求取外特性曲线。

三、实验步骤

如图 2-67 所示为"三相同步发电机运行特性实验"界面，包括空载实验、短路实验、负载实验。

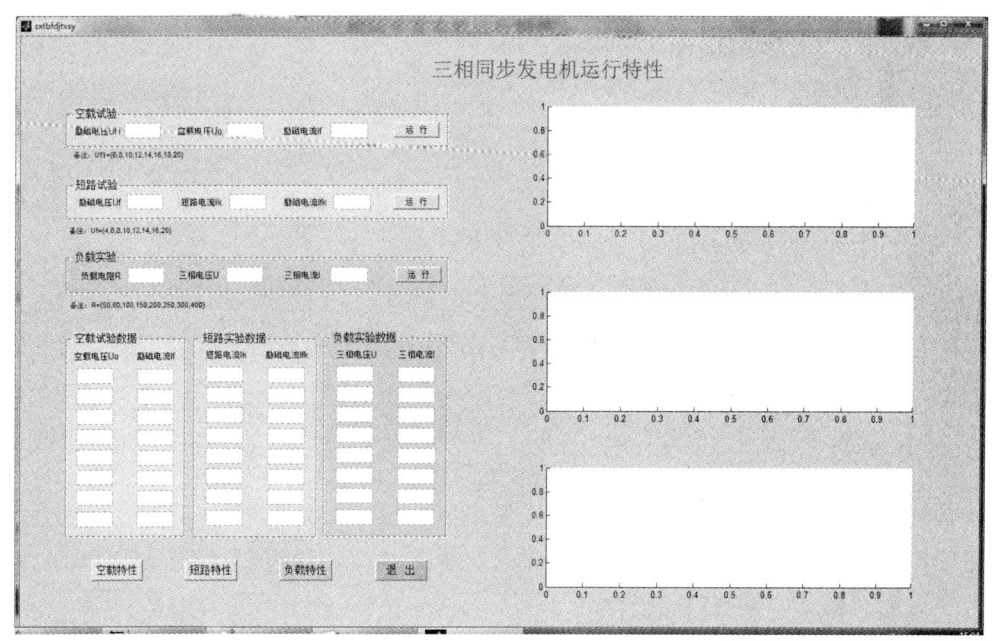

图 2-67　"三相同步发电机运行特性实验"界面

（一）空载实验

空载实验时改变发电机的励磁电阻来调励磁电流，仿真时励磁电阻在电机模型内部不能改变，所以通过改变励磁电压来改变励磁电流，但可能存在较大误差。增减励磁电压的值，可参照界面上所给参数赋值，单击"运行"按钮，得到"短路电流"和"励磁电流"的值，并填入"空载实验数据"中，单击"空载特性"按钮，得到三相同步发电机空载实验的空载特性，如图 2-68 所示。

空载实验在仿真时，其发电机模型输出电压端不能悬空，因此在负载侧加了一个很大的电阻来模拟空载工况，与实际操作的实验相比，可能存在一定误差。或者，感兴趣的同学可以在给出的仿真模型里，通过更改电机励磁电阻值，再进行仿真，这种调节励磁的方式更接近实际实验时操作的方式。

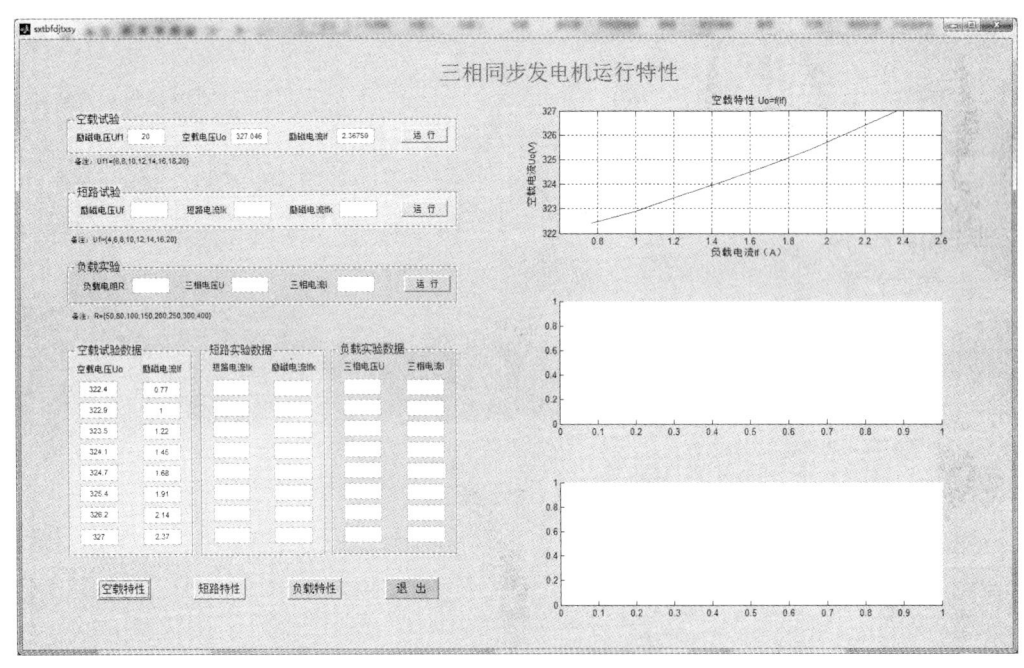

图 2-68 三相同步发电机空载实验

（二）短路实验

短路试验时，改变励磁电压来观察励磁电流和短路电流之间的关系，励磁电压的值可参照界面中备注的参数进行赋值。单击"短路试验"中的"运行"按钮得到相应的实验结果，填入"短路实验数据"中，单击"短路特性"按钮得到短路特性曲线，如图 2-69 所示。

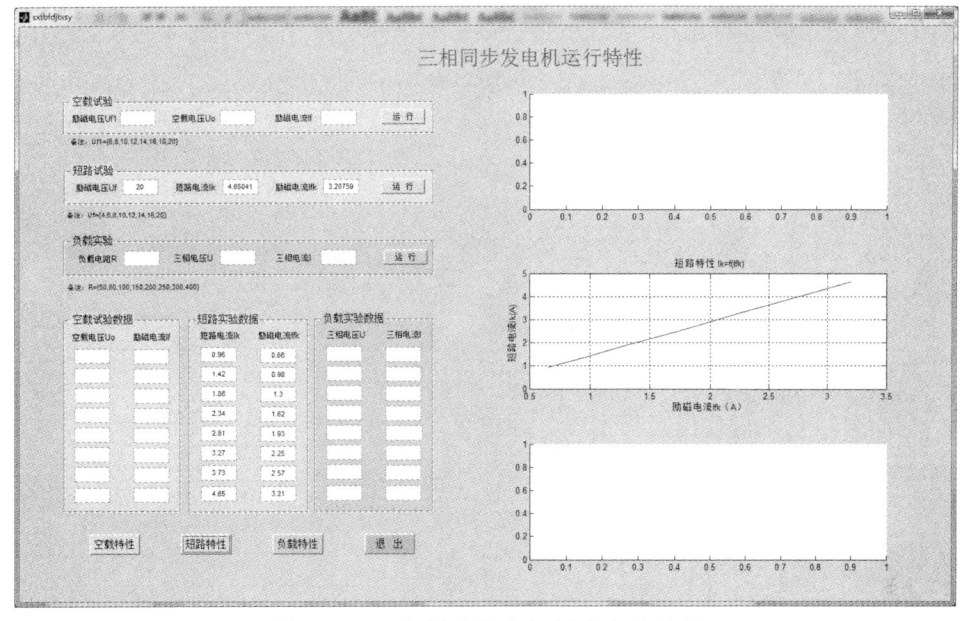

图 2-69 三相同步发电机短路实验结果

(三)负载实验

负载试验时,改变负载电阻来观察三相电压和电流之间的关系,负载电阻的值可参照界面中备注的参数进行赋值。单击"负载试验"中的"运行"按钮得到相应的负载实验结果,填入"负载实验数据"中,单击"负载特性"按钮得到负载特性曲线,如图 2-70 所示。

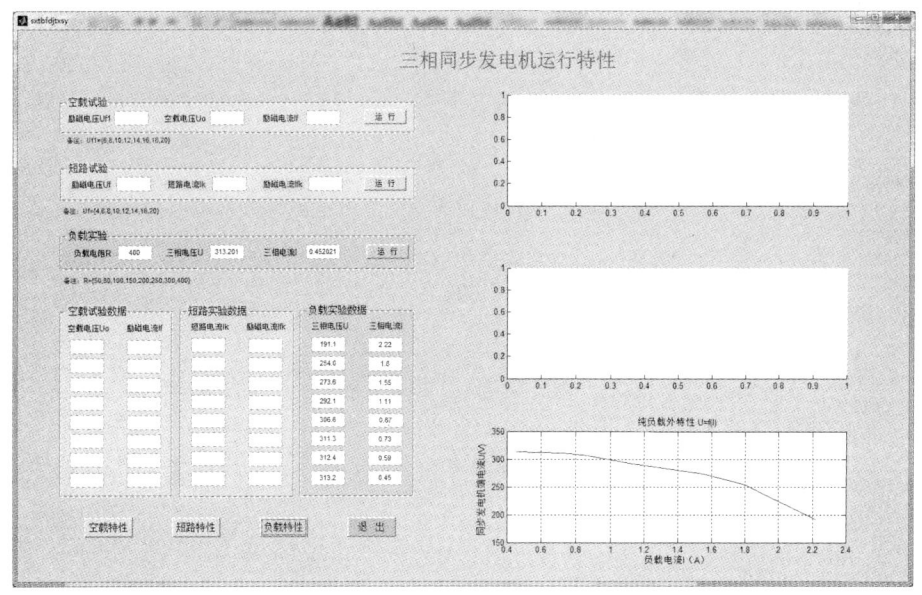

图 2-70 三相同步发电机负载实验结果

最终可以得到三相同步发电机运行特性实验结果,如图 2-71 所示。

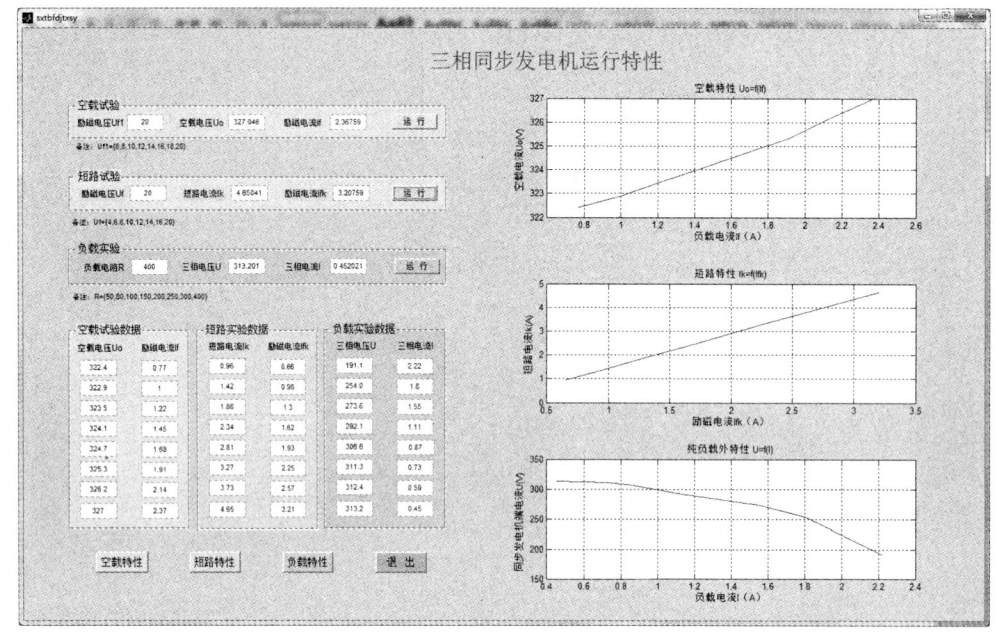

图 2-71 三相同步发电机运行特性实验运行结果

单击"退出"按钮,退出该实验。

实验 10 三相同步发电机的并联运行

一、实验目的

1. 掌握三相同步发电机投入电网并联运行的条件和操作方法。
2. 掌握三相同步发电机与电网并联运行时有功和无功率的调节。

二、实验内容

三相同步发电机与电网并联运行时无功功率的调节:
1. 测取当输出功率等于零时三相同步发电机的 V 形曲线。
2. 测取当输出功率等于 1/3 倍额定功率时三相同步发电机的 V 形曲线。

三、实验步骤

单击电机学虚拟实验平台界面中的"实验 11 三相同步发电机并联运行"按钮,进入"三相同步发电机并联运行实验"界面,如图 2-72 所示。实验项目包括并网输出功率为 0 时的功率调节实验和并网输出功率为额定功率 1/3 时的功率调节实验。

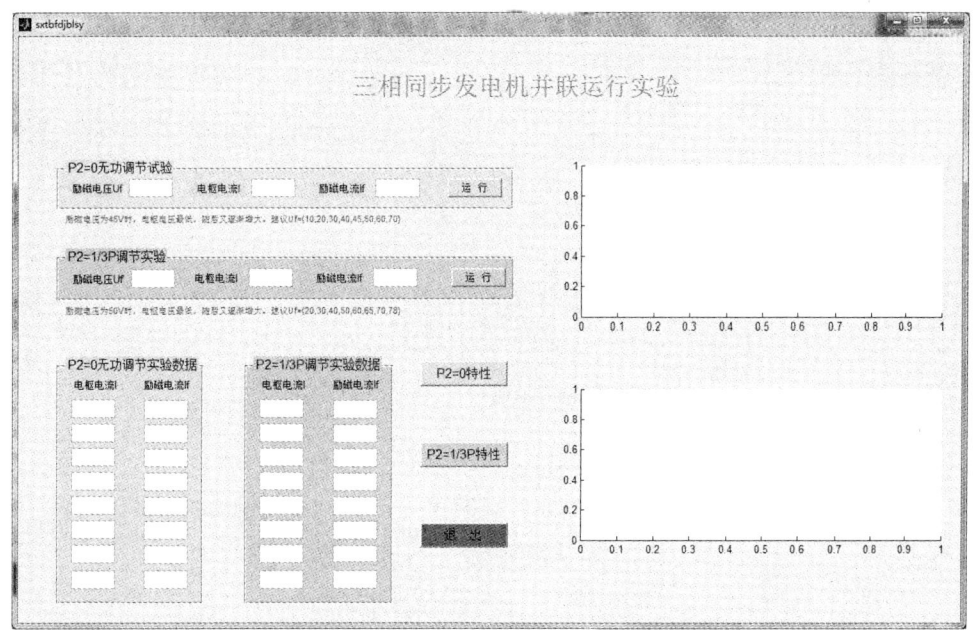

图 2-72 "三相同步发电机并联运行实验"界面

改变"励磁电压 Uf"的值(可参照界面备注中给的值),观察电枢电流随励磁电流的变化,并将运行结果填入实验中的"实验数据"中,单击"P2=0 特性"按钮,得到输出功率为 0 时的并网功率调节实验 V 形曲线,如图 2-73 所示。单击"P2=1/3P 特性"按钮,得到输出功率为 1/3 额定功率时的并网功率调节实验 V 形曲线,如图 2-74 所示。

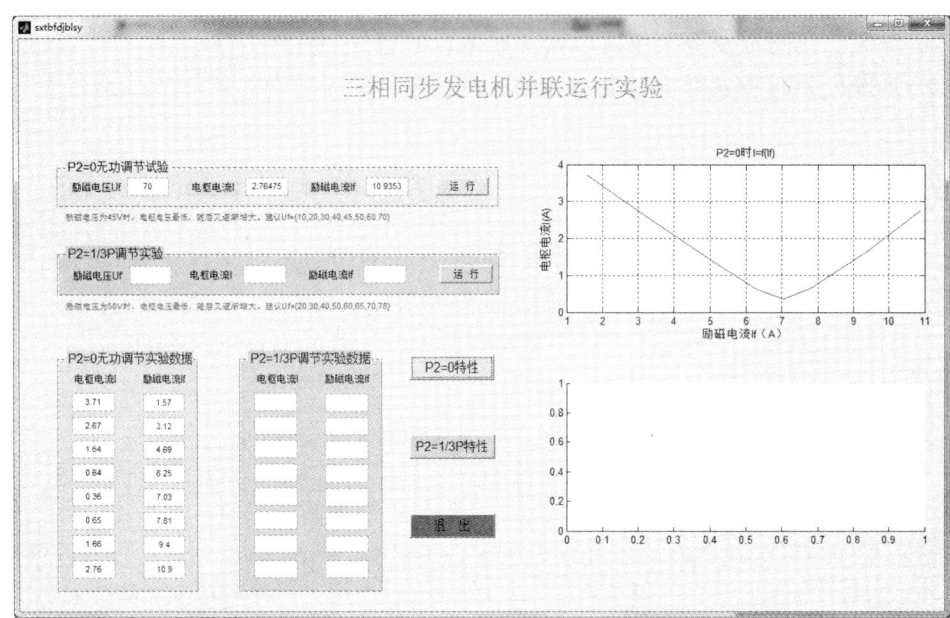

图 2-73　三相同步发电机 $P=0$ 时无功调节 V 形曲线

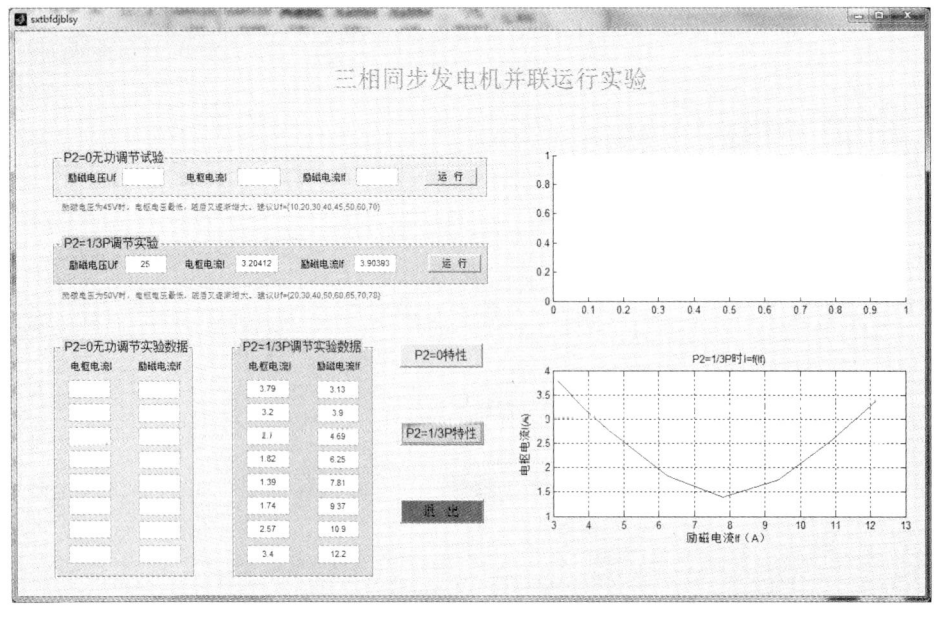

图 2-74　三相同步发电机 $P=1/3P_N$ 时无功调节 V 形曲线

最终三相同步发电机并联运行实验运行结果如图 2-75 所示。

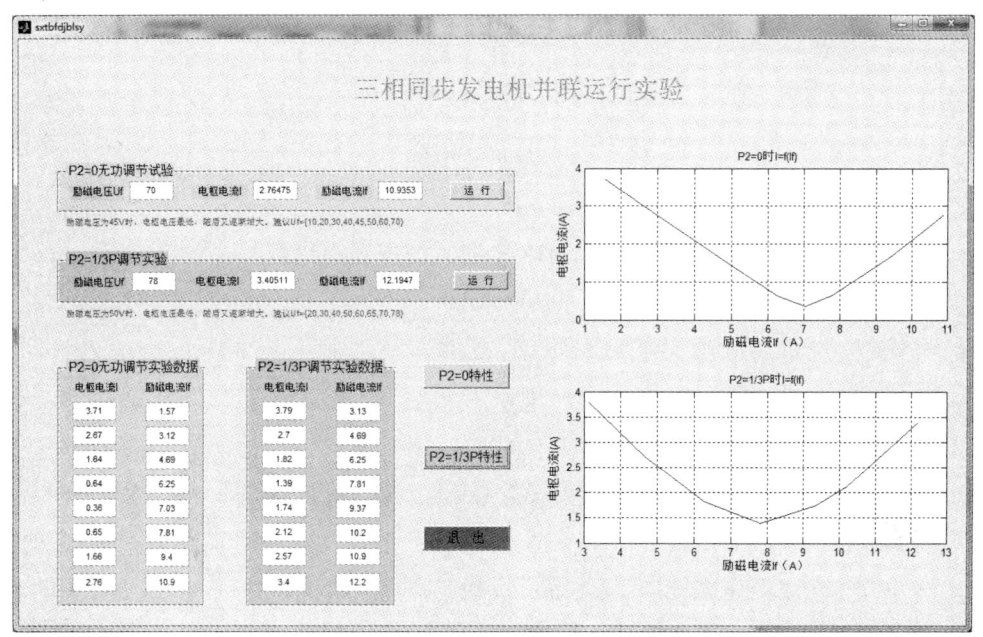

图 2-75　三相同步发电机并联运行实验运行结果

单击"退出"按钮,退出该实验。

参考文献

[1] 杜世俊. 电机及拖动基础实验[M]. 北京：机械工业出版社，2006.

[2] 张松林. 电机及拖动实验指导书[M]. 北京：机械工业出版社，2000.

[3] 顾绳谷. 电机及拖动基础[M]. 北京：机械工业出版社，2003.

[4] 杨天明. 电机绕组维修技术[M]. 北京：化学工业出版社，2006.

[5] 高秀珍. 电机及控制系统实验[M]. 北京：国防工业出版社，2005.

[6] 章玮. 电机学、电机与拖动实验教程[M]. 杭州：浙江大学出版社，2006.

[7] 张燕宾. 变频器应用教程[M]. 北京：机械工业出版社，2007.

[8] 宋书中. 交流调速系统[M]. 北京：机械工业出版社，2006.

[9] 孙旭东，王善铭. 电机学[M]. 北京：清华大学出版社，2010.

[10] 毛涛涛，王正林，王玲. 精通MATLAB GUI设计[M]. 北京：电子工业出版社，2013.

[11] 薛长虹，于凯. 大学数学实验：MATLAB应用篇[M]. 成都：西南交通大学出版社，2003.

[12] 冯晓云. 交流传动及其控制系统[M]. 北京：高等教育出版社，2009.